老年人
照明设计初步

马卫星　编著

中国水利水电出版社
www.waterpub.com.cn

内 容 提 要

本书以视觉老化现象、视觉生理特点为切入点，引出老年住宅照明设计的基本考虑与大致方法，并以老年住宅的部分房间为例，进行简要说明。绪论介绍了我国老龄化国情的特点和老年人身体外观的变化；第1章介绍了视觉老化过程，并举出了典型的老花眼和白内障现象；第2章介绍了日光与健康的关系，包括现代流行的光疗法讲解；第3章介绍了色光对生理和心理的影响，从而引出了什么是健康的光源；第4章介绍了生理节律、睡眠和光的关系，从而引出了什么是科学的夜晚室内光环境；第5章介绍了老年住宅照明设计的基本过程；第6章介绍了老年住宅自然采光的基本要求和部分空间的设计要点；第7章介绍了老年住宅照明设计的基本要求和部分空间的设计要点。附录1、2、3分别介绍了有关老年人照明的名词解释、老年住宅照明的国家标准和部分建筑电气图形符号。

本书可供高等院校建筑设计、环境设计、工业设计等专业师生作为教材使用，也可供从事照明设计研究与实践的科研院所、公司企业参考借鉴，并可作为关爱老年人生活的社会大众阅读用书。

图书在版编目（CIP）数据

老年人照明设计初步 / 马卫星编著. -- 北京 ：中国水利水电出版社，2016.1
ISBN 978-7-5170-4106-1

Ⅰ．①老… Ⅱ．①马… Ⅲ．①老年人住宅－住宅照明－照明设计 Ⅳ．①TU113.6

中国版本图书馆CIP数据核字(2016)第019961号

书　　名	老年人照明设计初步
作　　者	马卫星　编著
出版发行	中国水利水电出版社
	（北京市海淀区玉渊潭南路1号D座　100038）
	网址：www.waterpub.com.cn
	E-mail：sales@waterpub.com.cn
	电话：（010）68367658（发行部）
经　　售	北京科水图书销售中心（零售）
	电话：（010）88383994、63202643、68545874
	全国各地新华书店和相关出版物销售网点
排　　版	北京时代澄宇科技有限公司
印　　刷	北京博图彩色印刷有限公司
规　　格	170mm×240mm　16开本　11印张　133千字
版　　次	2016年1月第1版　2016年1月第1次印刷
印　　数	0001—3000册
定　　价	45.00元

序

当今世界，每一瞬间都有两人迎来60岁的生日，而人类在平均寿命延长的同时，也随时都有人步入老年，并接受社会对老年人的祝福。

尽管人口老龄化所带动的医疗、教育、经济生活等的改善，保证了国家的正常发展，但是，随着老年人占人口的比例越来越大，失去生产能力的老年人也在不断增加，因此社会所拥有的资源为老年人分配的可能性也就越来越小。为了自己步入老年时也能有利于社会、也能健康地生活，我们从小就应该力求茁壮成长，并且过上高教养的生活。

老年人应该怎样做才能腰板结实，才能头脑不痴呆？马卫星老师道出其关键在于"光和照明"。

"光"是地球上的生命之源，即使在科技日新月异的今天，没有光人类也无法继续生存下去。近年来，随着人工光源的不断发展，人们的生活重心也从室外转向室内。即使在白天，人们大多也是在办公室、学校的室内，仅用了相当少量的自然光进行生产活动。到了夜晚更是以人工照明为主，灯火辉煌，睡眠时间对人来说也变得如此吝啬和越来越宝贵。此外，电脑和手机明亮的屏幕，也在不分昼夜地充斥于社会生活。

在电灯照明还没有出现的时代，人类与自然光融为一体地生活。太阳升起时起床，外出劳作；夕阳沉落时收工回家；夜晚在烛光等的火光下就寝安息。这种生活节律延续了数万年，乃至数十万年，从而形成了我们今天的身体和精神状态。然而，这种节律伴随着电气照明的发明发生了急剧变化。这仅仅是100多年前的事。人类应对环境的变化具有自适应的能力。只不过，因人而异罢了：有的人能够很好地适应，而有的人却在不知不觉中会出现这样或那样的问题。例如，有些老年人骨质比较脆弱，原因之一就是年轻时沐浴自然光不足。人老骨质脆弱致使腿脚不便，严重的还会卧床不起。

此外，很多现代人夜晚不能熟睡，睡梦中常会出现电脑和手机那明亮的屏幕，这样进入眼睛的多余亮光就会增多。电脑的明亮屏幕虽然没有室内照明的可视光线那么强，短期内对我们今天和明天的生活也许不会产生多大影响，但长此以往，眼睛和大脑处于疲劳状态，自然会给身体带来不良后果。

尽管我们现在不可能回到过去的生活状态，但是多接受一些自然光，或者在照明设计上多下一些功夫，就会大大减轻身体和大脑的负担。拿到解开享受舒适昼夜生活之谜的这把钥匙，就是马卫星老师这本《老年人照明设计初步》的出版意义所在。

我们从年轻时就应该构筑老年后的生活方式。本书可以说是将"光与照明"与这种生活方式相融合而写出的一部力作。

中岛龙兴

2015年11月

前言

按照世界卫生组织的标准，当一个国家或地区60岁以上的老年人数量超过总人口数的10％，或者65岁以上的老年人超过总人口数7％时，称为"老龄化国家或地区"，当65岁以上的老年人口超过14％时，称为"老龄国家或地区"。

我国也确定了用60岁以上老年人数量占总人口数的比例来划分老龄化社会的各个阶段。2000年，我国60岁以上的老龄人口比例就已达到10％，这标志着我国正式步入老龄化国家的行列。不仅如此，我国老龄化将继续呈现出高龄化、失能化、空巢化、增幅快、需求大等特点和趋势。这个问题不仅是一个重大的民生问题，也是一个严峻的社会问题。

关注老年人的今天，就是关注我们的明天。近些年来，针对老年人的各种设计作品不断出现，许多设计师都在为老年人的健康幸福生活而辛勤工作。为老年人创建舒适的生活环境空间、推出适合于老年人的照明设计，也是其中非常重要的一项。

本书正是在这种社会现状以及照明设计不断进步与发展的大背景下，为配合广大学生初步了解有关老年人照明设计基础内容而撰写的，可以作为年轻人的课外读物和参考资料。全书由7章和名词解释组成：绪论从"什么是老年人"开始，阐述了我国老龄化国情的特点和老年人身体外观的变化；第1章介绍了视觉老化过程，并举出了典型的老花眼和白内障现象；第2章介绍了日光与健康的关系，其中包括现代流行的光疗法；第3章介绍了色光对生理和心理的影响，从而引出了什么是健康的光源；第4章介绍了生理节律、睡眠和光的关系，从而引出了什么是科学的夜晚室内光环境；第5章介绍了从基础设计到实施的老年住宅照明设计的基本过程；第6章介绍了老年住宅自然采光的基本要求和部分空间的设计要点；第7章介绍了老年住宅照明设计的基本要求和部分空间的设计要点。附录部分分别介绍了有关老年人照明的名词解释、老年住宅照明的国家标准和部分建筑电气图形符号。当然，这些只是相关的一小部分，绝大部分还需要读者在今后的学习、研究中不断积累和丰富。

本书是笔者近些年从事大学照明设计教学工作中的部分研究内容，其中包括了大量国内有关老年人问题专家，国外一些照明专家、设计师的研究成果。由于笔者的水平和客观研究条件有限，不可能把更多有关老年人照明设计的基础内容呈现给广大读者。希望通过本书，引起读者对老年人照明设计的关注，进而产生兴趣，并对今后的工作有一点参考和帮助，那将是笔者的最大幸事。

在本书的撰写和研究过程中，曾得到国内外相关专家、学者的悉心指导和帮助，日本著名照明设计师中岛龙兴先生还热情的提供科研资料并传授宝贵设计经验，在此向他们表示深深的感谢。

马卫星

2015年11月

目录

contents ▼

绪论

0.1　老年人的概念

　　关于什么是老年人，不同的时期有着不同的定义。国际上曾把老年人定义为60周岁以上的人群，西方一些发达国家则认为65岁是分界点，而我们中国古代曾将50岁作为老年起点。另外，不同的文化圈对老年人的定义也是不同的。由于生命的周期是一个渐变的过程，壮年到老年的分界线往往很是模糊。有些人认为做了祖父、祖母就是进入了老年，有的人认为退休是进入老年的一个标志。在寿命已经明显延长的今天，将老年期以一个标准来界定确实有些勉强，因此出现了如何区分老年期的问题。

　　1995年，经世界卫生组织（World Health Organization，WHO）对全球人体素质和平均寿命进行测定，对人类年龄的划分标准作出规定，将人的一生分成五个年龄段，即：

　　44岁以下为青年人；45～59岁为中年人；60～74岁为年轻老年人；75～89岁为老年人；90岁以上为长寿老年人。

　　说到年龄，我们人类可以分为年代年龄、生理年龄、心理年龄、社会年龄。

　　所谓年代年龄，也就是出生年龄，是指个体离开母体后在地球上生存的时间。发展中国家规定男子55岁、女子50岁为老年开始。

所谓生理年龄，是指以个体细胞、组织、器官、系统的生理状态、生理功能，以及反映这些状态和功能的生理指标确定的个体年龄。生理年龄60岁以上的人被认为是老年人。但生理年龄和年代年龄的含义是不同的，往往也是不同步的。生理年龄主要采用血压、呼吸量、视觉、血液、握力、皮肤弹性等多项生理指标来确定。

所谓心理年龄，是根据个体心理学活动的程度来确定的个体年龄，是以意识和个性为其主要测量内容。心理年龄60岁以上的人被认为是老年人。心理年龄和年代年龄的含义是不一样的，也是不同步的。如年代年龄60岁的人，他的心理年龄可能只有40～50岁。

所谓社会年龄，是根据一个人在与其他人交往的角色作用来确定的个体年龄。也就是说一个人的社会地位越高，起的作用越大，社会年龄就越成熟。

综上所述，年代年龄、生理年龄、心理年龄和社会年龄的关系为：年代年龄受之父母，不可改变，但生理年龄、心理年龄和社会年龄却可以通过身心锻炼、个人努力加以改变，推迟衰老，弥补其不足。一般来讲，进入老年的人生理上会表现出新陈代谢放缓、抵抗力下降、生理机能下降等特征。头发、眉毛、胡须变得花白也是老年人最明显的特征之一。

另外，我们中国在传统上对于老年人的老龄有些褒义的称谓（表0.1）。

我国历来称60岁为"花甲"，并规定这一年龄为退休年龄。同时，由于我国地处亚太地区，这一地区规定60岁以上为老年人。因此，我国现阶段以60岁以上为划分老年人的通用标准。本书中所提到的老年人，也是泛指60岁以上的人群。

表0.1 老龄的褒义称谓

60 岁	下寿	90 岁 因卒的简字"卆"可分解为九十	卒寿
70 岁	中寿	99 岁 因百字省一横为白字	白寿
77 岁 因草书喜字看似七十七	喜寿	100 岁	百寿
80 岁 因伞的简字"仐"可分解成八十	伞寿	108 岁 因茶字上面为廿，下面八十八，二者相加得 108 岁	茶寿
81 岁 因半字可分解成八十一	半寿	111 岁 因皇字分解成白 =99、一、十、一	皇寿
88 岁 因米字看似八十八三个字	米寿		

0.2 中位数年龄

中位数年龄（又称中位年龄、年龄中位数）是将全体人口按年龄大小排列，位于中点的那个人的年龄，年龄在这个人以上的人数和以下的人数相等。年龄中位数比较容易理解，计算简便，在人口统计中用得也很广泛。

联合国公布的最新世界人口展望报告显示，全球人口2015年的中位数年龄已升至29.6岁。专家警告：未来世界各国的老龄化问题将更加严重，社会保障体系面临"超载"（表0.2）。

3

表0.2 世界范围内一些国家和地区的中位数年龄

国家或地区	中位数年龄/岁	国家或地区	中位数年龄/岁
全球世界	29.6	日本	46.5
西欧	43.7	德国	46.3
非洲	19.5	巴西	22.8
中国	36	俄罗斯	38.5
印度	26.9	美国	37.7

注 2015年统计。

报告显示，除了日本外（中位数年龄为46.5岁），中位数年龄处于高位的绝大多数是欧洲国家，像意大利、希腊、保加利亚和奥地利等，紧跟日本之后的是德国。这些国家的相同问题是：婴儿出生率不高，老年人寿命增长。

与此相反，非洲国家的中位数年龄却仅为19.5岁。究其原因，主要是该地区较高的死亡率，不过这些国家的出生率也较高。

在受调查的188个国家中，中位数年龄有所提高，但仍有7个国家降低。中位数年龄降低的国家大多数位于非洲，包括尼日尔、马里、尼日利亚等。

世界各国的人口结构变化问题越来越突出。像德国，15～64岁间的核心人口目前占了总人口的2／3，65岁以上的老年人已占21％，15岁以下的人口却只占13％。也就是说，100个劳动者要养活20名儿童和33名老年人。到2100年，老龄化的威胁将更严重。但发达国家与发展中国家之间仍存在明显差异。像我国，目前15～64岁之间的工作年龄层，几乎占了总人口的3／4。而乍得65岁以上的人口只占总人口的2.4％。总体而言，世界正变得越来越老！

0.3 我国老龄化国情的特点

由于长期的人口政策以及各类历史原因，我国的老龄化国情有如下特点。

0.3.1 老年人口多

据联合国预测，21世纪上半叶，我国一直是世界上老年人口最多的国家。21世纪下半叶，我国仍然是仅次于印度的第二老年

人口大国。据全国老龄工作委员会办公室统计发布的信息，截至
2009年，全国60岁及以上老年人口已经达到1.67亿人，占总人口
的12.79％。预计到2020年，我国的老龄人口将达到2.48亿人，到
2050年将达到4.34亿人。图0.1反映了我国人口结构变化的趋势，

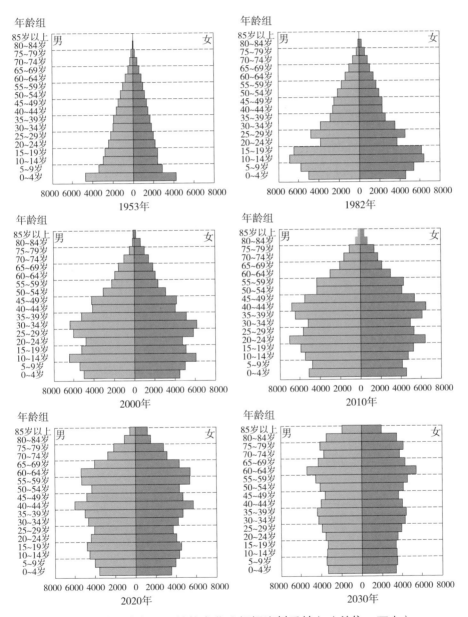

图0.1 我国老年人口结构变化（根据资料重绘）（单位：万人）

从图中可以看到，未来老年人口占总人口数量的比例将越来越高。面对庞大的老年人群，我国需要建立一套普适化的养老居住模式。

0.3.2　老龄化增速快

我国属于世界上老龄化增速最快的国家之一。从步入"老龄化国家"（60岁以上人口超过10%，或者65岁以上人口超过7%）到成为"老龄国家"（65岁以上人口超过14%），多数发达国家用了半个世纪或上百年时间，而我国这一过程预计只需26年（图0.2）。2020—2050年为我国人口老龄化最快的阶段，预计老年人的比重将从17.17%上升到30.95%。

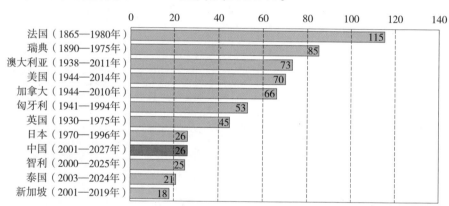

图0.2　部分国家从老龄化国家到老龄国家所需要的时间对比
（根据资料重绘）（单位：年）

0.3.3　高龄老人群体庞大

到2009年为止，我国80岁及以上的高龄人口已经达到1899万人，约占老年人口的11.4%。预计到2050年，80岁以上的高龄老人将占老年人口的23%，约9400多万人。高龄老人由于身体机能弱，往往需要更多的医疗服务和生活照护，这将对我国有限的医疗和养老服务力量提出巨大的挑战。

0.3.4 多数老人未富先老

发达国家基本上是在完成工业化、城市化的条件下进入老龄化社会的。工业化实现了社会生产力的突飞猛进，城市化完善了各类生活配套设施，使国民可以在较为富足的基础上享受较好的养老服务。然而我国目前尚属发展中国家，处在工业化和城市化的中期阶段，人均国内生产总值世界排名还很靠后，多数老年人及其家庭"未富先老"。这将在很大程度上影响我国解决各类养老问题的思路和方法。

0.3.5 地区分布不均

由于经济发展水平的差异和劳动人口的大量迁移，我国老龄化呈现出东部高于西部、农村高于城镇、部分大城市（如北京、上海、天津等）老龄化比例远远高于全国的格局。据调查，截至2009年，部分大城市如上海老龄化已经达到22.5%，北京已达到18.2%，均高出全国平均水平。目前，这些城市在养老政策的制定及养老设施的建设方面均走在了全国前列，可以为全国构建养老体系提供一定的经验。

0.4 老年人身体外观的变化

7

随着年纪的增长，身体的各个功能逐渐在下降。比如说，脑神经细胞的萎缩，使各细胞遗传因子的信息容易发生错误，免疫力下降，荷尔蒙分泌不足而引起数不胜数的身体功能衰退（图0.3）。

这些老化现象是自然规律，防不胜防。所以，一方面尽可能努力控制老化的进程，另一方面，老年人的住所、设施设计、

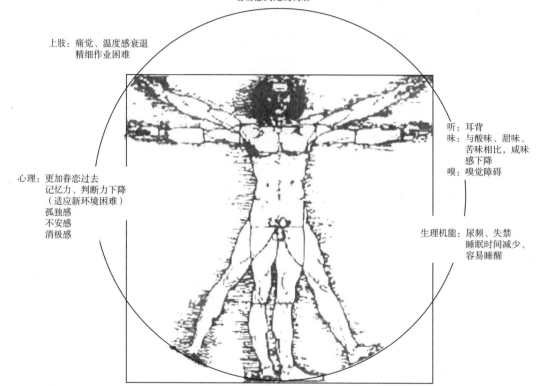

脑：智能衰退、损失（痴呆等）
视：视野、视力、色觉、
　　眼球运动功能下降
　　视网膜感度迟钝
　　晶状体的黄变现象
　　（老花眼、老年性白内障等）
　　容易感到光线刺眼

上肢：痛觉、温度感衰退
　　　精细作业困难

听：耳背
味：与酸味、甜味、
　　苦味相比，咸味
　　感下降
嗅：嗅觉障碍

心理：更加眷恋过去
　　　记忆力、判断力下降
　　　（适应新环境困难）
　　　孤独感
　　　不安感
　　　消极感

生理机能：尿频、失禁
　　　　　睡眠时间减少、
　　　　　容易睡醒

下肢：身体僵硬
　　　平衡感下降
　　　耐力下降
　　　皮肤触感迟钝
　　　步行能力下降
　　　容易疲劳

图0.3　身体随年龄增长而变化

照明设计等，一定要依据老化现象而认真考虑。比如说，腰腿、肌肉的衰老，即使是较小的高低差也容易绊倒，上台阶时感到困难吃力，有摔倒和骨折的危险。还有，手指衰老，使用门把手或水龙头就会有困难；视力衰老，识别物体或细微的色差就比较费力，还存在即使有高低差也没有意识到的危险；听力衰老，看电视音量需要加大，或难以听到钟声或电话铃声；嗅觉衰老，煤气泄漏的臭味、烧焦的糊味便难以闻到；触觉的冷暖感衰退的话，即使受到了外伤也察觉不到，对厚度、寒冷也难以适应。

由于年纪增长，五感的功能不断在下降。特别是视觉的衰退，会给日常生活带来诸多不便，归纳起来有如下几点：

（1）不容易看清小文字，也不能从事手工精细作业。

（2）不容易把握远近感。

（3）视野变得狭窄。

（4）色调（特别是冷色系）的辨别能力衰退。

（5）刺眼的眩光感比较强烈。

（6）明暗适应能力降低。

（7）若20～30岁年龄段的视力是1.0，65岁的视力大概只有0.4。

1 视觉的老化

　　人的眼球在20岁以前一直在发育生长。在停止生长以前，无一例外，每个人的眼睛都在向"近视"发展。

　　新生儿的眼球前后长度较短，是生来的远视眼，无论看近还是看远，光线都聚焦在视网膜后方。此后，眼球长大，前后才逐渐变长。这意味着随着年龄的增长，光线聚焦的焦点会逐渐向前靠近视网膜。与此同时，角膜的弯曲程度也逐渐增大，对光线的折射增强，也使焦点逐渐移向视网膜。这两个因素都会使眼睛逐渐向"近视"发展。

　　进入老年，晶状体会变为黄色，而且深度会逐渐加大，看颜色的主观感觉也会发生变化。不过，由于晶状体变色是一个缓慢演变的过程，自己通常不会感觉到看颜色与以前有什么不同。此外，晶状体还会失去弹性，变硬，结果无法在看近处物体时实现正确对焦，发展为老花眼。再进一步，晶状体变混浊，不透明，这就是白内障。80岁以上老人大多患有白内障。

　　然而，预测某个人的视觉老化是很困难的，因为每个人老化的速度不同。此外，个人对眼睛的保护程度也会影响视觉老化的过程。尽管如此，有些视觉变化对每个人几乎都是一样的。了解视觉变化的过程有助于个人适应老化，对老年人的光环境设计也有着重要的理论指导意义。

10

1.1　眼睛的构造

眼睛的构造如图1.1所示，近视眼晶状体偏厚，入射光线折射角度大，并在视网膜偏前的位置结成影像。远视眼晶状体偏薄，入射光线折射不足，在视网膜偏后的位置聚焦，在视网膜上不能结成清晰的影像。锥状体（锥状细胞）分布于视网膜的中心，杆状体（杆状细胞）分布于视网膜的周围。由于杆状体比锥状体的感光程度要高，因此"光线刺眼"在注视点的周围变得敏感。

光进入眼睛，首先在眼角膜上折射，然后在晶状体上进一步折射，并在视网膜上形成影像。为了使视网膜上的影像清晰，偏球形的弹性透明晶状体，通过观看远近的物体，时而变薄，时而变厚，使晶状体的折射率自由地变化。这种变化是受睫状体悬韧带的拉力收缩或放松来控制的。

角膜和晶状体之间有虹膜（也叫虹彩），虹膜就像镜框那样镶在晶状体的周围。虹膜包围着进入眼睛入口的瞳孔。通过虹膜的伸缩使瞳孔的大小发生变化，控制进入我们眼睛的光的数量。

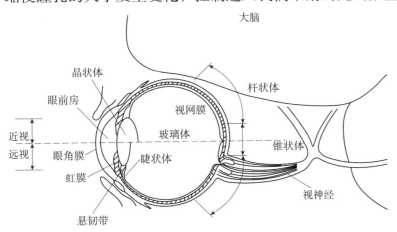

图1.1　眼睛的构造

11

晶状体不仅控制光的折射，还能起到防止紫外线进入视网膜的滤镜作用。晶状体吸收紫外线，避免紫外线进入眼睛内部的同时，也少量吸收了短波长的可视光线（蓝色光）。

视网膜上布满了感光细胞，在光的作用下产生电气反应，产生了视觉脉冲，再通过视神经纤维传送至大脑。视神经布满视网膜上，并从眼球的洞孔向外连接至大脑。

1.2　眼睛对光的适应

视网膜上的感光细胞有2种：锥状细胞和杆状细胞（或称锥状体和杆状体）。杆状细胞对光的灵敏度很高，在暗视觉条件下看清物体时被使用，但无法分辨颜色，主要负责夜晚及周边的视觉。锥状细胞明确认知物体的色彩，在明视觉条件下看清物体时被使用，主要负责物体细部和颜色视觉。

我们平常所看到各种物体的颜色，就是接受光谱中红、绿、蓝三个主色的锥状细胞的三种接受光能量的相对强度。

人眼视觉系统主要依据物体的对比、亮度和色彩而获得感知。人眼对不同光照水平能快速而容易地做出反应，这个变化范围可达数个数量级，敏感阈限可低至相当于黯淡星光下的照度值。

另外，一些动物的视觉与我们是不同的。像蜜蜂具有比我们更多的色彩锥状细胞，因此蜜蜂的视觉世界色彩比人类斑斓得多。而另一些动物，如猴子和猫头鹰就没有那么幸运了，它们会部分或全部失掉我们所具有的色彩锥状细胞。因此，猴子的眼睛就不能像人类那样，将物体的色彩全部感知。最可怜的就是猫头鹰，它们的眼里干脆就是黑白世界（图1.2）。

另外，视网膜和晶状体之间有一个较大空间的凝胶体构造，

图1.2　动物与人类的视觉比较

通过具有薄膜的玻璃体布满整个空间，球状玻璃体在保持眼球的球状体的同时，也保护着视网膜上的感光细胞免受冲击。眼睛结构重要功能包括两个：第一要使所有光线没有变化地到达视网膜；第二要使进入眼球的光线在视网膜上形成清晰影像。

1.3　视力的变化

视力与视觉系统的功能有关，随着年龄的增长而变化（图1.3）。人刚出生时视力仅有0.025，随后视力不断增长，10～20岁期间达到人生的最高值，之后逐渐降低，特别是过了50岁以后，白内障使晶状体变得混浊，视网膜功能衰竭，视力下降，即使背景亮度再高，视力也很难提高。

视觉在1.2以上的人群中，39岁以下者占80％，40～50岁减到60％，51～60岁减到50％。在60岁以前，远距离视力保持在比较稳定的水平上，60岁之后才明显衰退。老年人的视力水平在60岁以后急剧衰退。据统计，70岁健康老人的视力超过0.6的只有51.4％。其中，近距离视力比远距离视力减退得更为明显，老年人读书看报时常常要将书报拿得远远的，或者佩戴老花镜（凸透镜）。

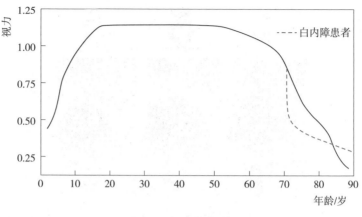

图1.3 视力与年龄

视力是随着环境的亮度而改变的。即使是同一人，在明亮的环境下会比在昏暗的环境下视力要高。夜晚在月光下视力在0.2 ~ 0.4，而白天户外明亮的地方会达到1.7 ~ 1.8。近视的人视力会有所不同，照度的变化也是同样。

背景亮度在2.91 ~ 300cd/m²的情况下，年龄与视力的关系如图1.4所示。背景亮度与各年龄段的视力变化如图1.5所示。从20岁到50岁的视力变化比较缓慢，一旦超过50岁，视力就会出现明显下降。这里特别要说明的是，如果50岁前戴眼镜矫正的话，视力降低的程度就会减小。

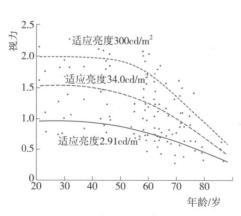

图1.4 不同背景亮度时年龄与近距离视力

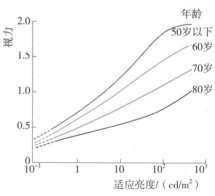

图1.5 年龄及背景亮度与视力

我们在检测视力时，通常视力表是在200lx的统一照度下进行的，在这个照度值下所测得的结果就是我们的视力。即使是同一人，视力表变暗时视力也会下降，视力表变亮时视力也会有所上升。

由于老年人的视力随着年龄的增长而普遍下降，为了改善老年人的视力状况，在老年人居住的房间内一定要增加照明度，保证充足的光线。另外，还应在老年人居住的房间增加明艳的色彩，经常给老年人多种颜色的刺激，以缓解和改善老年人的视力状况，同时调节老年人的心情。

视力障碍的老年人可能因看不清食物而引起食欲减退，因此，在护理中，食物的味道尤其是香味更加重要。另外，还要注意尽可能让老年人与其家属或其他老年人一起进餐，以营造良好的进餐气氛，增进食欲。

1.4 老花眼

俗话说"四十四，眼生刺"。也就是说，40岁以后，人眼的焦点调节功能开始下降，老花眼现象（老视）就逐渐出现了。一般情况下，在47岁左右就要使用老花镜。人到老年，眼的晶状体变成黄褐色，往往把物体看成是偏黄色的，就好像戴上黄色过滤镜片一样。老年人对蓝色、绿色的辨认最困难，而对黄色、红色的辨认能力则降低很小。

就像照相机镜头那样，晶状体呈直径为9mm、厚4mm的凸镜形状，当光线射入眼睛时，具有与凸镜焦点重合的机能。随着年龄的增长，眼睛的晶状体逐渐变硬且弹性减弱，这种机能降低时，近处的物体就看不清，这种现象便是老花眼（老视）。

晶状体最厚时我们能看清物体的点，也就是说与眼睛焦点最

15

合适的最近的点称为"近点"。眼睛放松，一直往远看，能够看清最远的点称为"远点"。这也是晶状体变薄时与眼睛焦点重合的点。10岁时近点约8cm，20岁时约10cm，30岁时约14cm，40岁时约20cm，超过50岁时约50cm。也就是说，随着年纪的增长，物体如果不远离眼睛，就不能与眼睛焦点很好地重合。物体离眼睛远，虽然能与焦点重合，但随着距离的增加，在视网膜上所呈现的影像就越小，因此无论怎样与眼睛焦点重合，都会因影像太小而看不清或看起来很累而导致视觉疲劳。这就是所谓的老花眼现象。

老花眼使得近点逐渐变远，最终使晶状体处于变薄的状态，是焦点只能在远点与物体重合的状态。解决的办法只能靠戴老花眼镜，别无他法。但无论如何，老花眼是随着人们年纪的增长而视力减弱导致看不清物体的，这才是真正的原因。

老年人常常揉搓头皮，可以预防老花眼。这是因为头部分布着很多穴位和神经，只要坚持正确的按摩锻炼，就可以起到缓解眼肌疲劳、改善视力的作用。

具体方法是，用左右手手指肚交替着从前往后梳头，用手指肚轻轻地按揉头皮、轻敲头部或用木梳轻轻拍打头部。找出最舒适的角度和力度，坚持做5分钟以上，每天早起和睡前各一次。头顶及下方部位为重点按摩部位，用拇指或食指点按，力度由弱到强，逐渐加大，明显感觉酸胀后，慢慢放松，配合匀速的呼吸，可以更好地刺激眼部。

当然，揉搓头皮法不必局限于老年人，中年人或长时间使用眼睛的年轻人，平时也可以进行锻炼，以延缓眼部衰老。尤其对于看东西已经感到模糊的中老年人来说，更应适度加强眼部保护。

1.5　白内障

白内障（Cataract）是发生在眼球里面晶状体上的一种疾病，任何晶状体的混浊都可称为白内障。但是，当晶状体混浊较轻时，因其没有明显地影响视力而不被人发现或被忽略，因此没有列入白内障行列。

伴随年纪的增长，晶状体的蛋白质不断氧化，晶状体内不溶性蛋白质增加到一定程度，晶状体就会变得发白且混浊。另外，晶状体中的蛋白质由于长期受到紫外线的影响，会逐渐分解为氨基酸，使晶状体变为黄色。这样，本应尽量透明的晶状体因年纪的增长而逐渐变得白浊且发黄，这种状态就是白内障。图1.6左图为正常的状态，右图为正常眼时瞳孔呈缩小的状态。当遇到眩光时，瞳孔自然变小。图1.7为白内障的状态，左图为环境变暗，瞳孔张开，晶状体变黑色混浊状；中图为晶状体周围变为茶褐色，中心部开始变为白色混浊状；右图为晶状体完全变为白色混浊状。

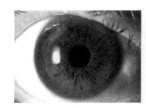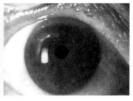

图1.6　正常的眼睛

图1.7　白内障的眼睛

17

年纪越大，晶状体变得白浊且发黄的程度也就越严重。白内障是全世界致盲和视力损伤的首要原因，多见于50岁以上的老人，随着人口的增长和老龄化，白内障引起的视力损伤将越来越多。白内障一般可致盲，视力还未明显受损之前就接受白内障手术，可以大幅度减少致盲或低视力患者。根据调查，白内障是最常见的致盲和视力残疾的原因，人类约25%患有白内障。晶状体轻度混浊不影响视力者，没有临床意义，晶状体混浊使视力下降者，才认定为临床意义的白内障，在流行病学调查中，将晶状体混浊并使视力下降到0.7或以下作为诊断指标。

然而，现在白内障手术已经比较成熟普遍，可以把不起作用的白浊且变黄的晶状体取出，换上新的人工镜片。手术后，由于用新的人工镜片置换了老化的晶状体，所以晶状体没有了白浊和变黄的现象，视野也变得明亮，看到的物体也变得清晰，颜色也变得鲜艳。

另外，通过调整插入眼球内的人工镜片，也可以调整近视或远视的不良视力。虽然当前白内障病情基本上得到了解决，但白内障症状却没有引起人们的正确认识。视野稍微白浊、发黄，看蓝色、黄色比较困难等症状，不能明确地判断物体等现象，这些变化是伴随年纪增长而逐渐自然引起的，但很多人根本没有意识到这一点。

图1.8是用计算机模拟眼睛的玻璃体的情形。玻璃体位于晶状体与视网膜之间，约占眼球内腔的4/5，它是人眼中类似于玻璃一样的弹性物质，其无色透明，半固体，呈胶状，表面覆盖着一层密度很高的玻璃体膜。玻璃体主要成分是水，具有屈光、固定视网膜的作用。

玻璃体内没有血管，它所需的营养来自房水和脉络膜，因而代谢缓慢，不能再生，若有缺损，其空间就由房水来充填。

有97%的光通过玻璃体，年轻时晶状体与玻璃体能较好地紧密粘连，随着年龄的增长，晶状体与玻璃体的粘连性也逐渐变差，玻璃体弹力逐渐丧失，容积也在逐渐减少，玻璃体膜脆弱的部分一旦破损，就会导致房水流出（图1.8）。

另外，当玻璃体因各种原因发生混浊，看东西时就会觉得眼前如有蚊虫飞舞。图1.8中右侧分图是视网膜上形成的摇动的玻璃体影子与像蚊虫飞舞的浮游物影像的模拟效果，并不是布满整个玻璃体。所能看到的浮游物部分，即使视线移动，浮游物和其影子也是在一定的位置，是不可移动的。

除了视物不清之外，白内障发展到一定阶段还会引起青光眼或晶状体过敏性眼炎，导致无法挽救的永久性失明。因此，白内障患者应当听从医生建议及时确诊及治疗。

传统的手术方法必须待白内障完全成熟后才能手术。现代显微手术则不然，只要白内障患者视力低于0.3，开始影响正常生活就应考虑手术。过于成熟的白内障反而增加了手术难度，还有可能导致并发症的发生。

目前，尚无药物能完全抑制白内障的形成或阻止它的进一步发展，唯一的方法就是手术，即摘除混浊的晶状体并植入人工晶体。在各种手术方法中，白内障超声乳化术是现在世界上最先进的白内障手术方法，具有切口小、愈合快、手术时间短，术后视力恢复迅速，角膜散光小的优点。

19

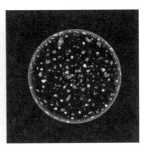

图1.8　用计算机模拟人眼的玻璃体

1.6　敏感的眩光

眼睛的晶状体因老化而变得白浊，使到达视网膜上的光数量减少。因此，即使是同样亮度的场合，年老时比起年轻时会感

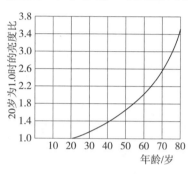

图1.9　年龄与必要的亮度

到光线较暗。如果20岁时所需要的必要亮度是1的话，到了40岁时就是1.4，60岁时就是2，75岁时就是3。如果不这样的话，就不会有同样的亮度感。因此，在有老年人的房间里，要选用比通常亮度要高的照明灯具（图1.9）。

然而过分明亮也会出现问题。伴随年纪的增长，晶状体的不溶性蛋白质会变性，光由于受到这种蛋白质粒子的影响而出现异常散光现象，使眼睛变得对眩光非常敏感。同时，晶状体上出现的这种散光导致视网膜上形成的影像上面好像覆上了一层薄膜，看物体模糊不清。如果散光现象不太严重的话，眼睛会逐渐适应，还能看清物体，问题还不算太大；但散光数量太多的话，超出眼睛的适应能力，视觉就会受到严重影响。散光现象严重时，就如同夜晚路上对面来车开亮大灯时，强光照射到我们眼睛时那样刺眼的感觉。本来想看到的物体，由于其成像的原因，在必要光线以外的光的影响下，变得看不清，或者不容易看清，或者看起来有很不舒服的感觉，这种现象统称为眩光。

一般而言，视力是随着环境亮度的提高而增加的，但是对于老年人来说，如果亮度过高，眩光也会增高，这一点要引起注意。如图1.10所示，与20岁时相比，30岁时大约是一半的亮度，50岁时大约1/3的亮度，就会容易感受到有眩光。

20

另外，在同样的亮度下，色温高的光线会感到刺眼一些，这一点对于老年人来说更为显著。

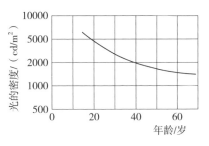

图1.10　年龄与眩光感强度的下限

1.7　衰退的暗适应能力

从明亮的地方看物体的状态，到昏暗的地方也能逐渐适应看清物体的过程称为暗适应。老年人的眼睛暗适应需要的时间比较长，这是因为暗适应能力衰退的缘故。其结果，往往是在昏暗的地方不容易看清物体。

首先，老年人视网膜上感光体的感光度比较低，像前面所述的那样，感光细胞分锥状体和杆状体两种，在明亮的地方看物体是锥状体起作用，在昏暗的地方看物体时，是对感光度高的杆状体起作用，以对应光量的变化。这里不仅是感光细胞的切换，还包括各种感光细胞的感光度同时进行着上升或下降，以有效地对应高明亮的变化。

这些锥状体和杆状体的感光度是随着年龄的不断增加而衰退的。即使是同样数量的光到达视网膜上，老年人也不像年轻人那样感觉明亮。

另外，如果把感光细胞感光度的衰退变化作为时间轴，老年人对明亮差虽有感觉，但需要的时间是比较长的。

再加上瞳孔的大小、晶状体的透射率在昏暗的地方对视力有着很大影响，这两点关系着进入眼睛的光数量的多和少。

虹膜的伸缩使瞳孔的大小产生变化，从而调整进入眼睛的光数量。随着年纪的增长，眼球的虹膜弹性减弱，瞳孔的开启功能也进而衰退。

眼睛瞳孔的伸缩范围一般在2～8mm，随着年纪的增长，逐

21

渐达不到8mm这个数字，到了65岁只有5mm左右。由于瞳孔的开启范围减小，因而进入眼内的光数量也就随之减少。另外，伴随年龄的增长，晶状体的透射率也在逐渐下降，导致进入眼内光数量不断减少。这种透射率的下降，在短波长范围内比较显著。例如480nm的蓝色光，在人21岁时晶状体的透射率约为70%，到了63岁时约为40%（图1.11）。这样，到达视网膜的光数量就会减少，感光体的感光度降低，导致老年人观察物体更加困难。

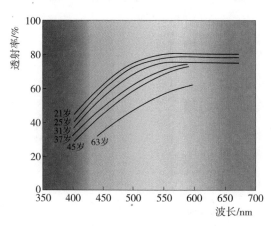

图1.11　晶状体的透射率与年龄的关系

在昏暗的地方看清物体的状态称为暗适应；在明亮的地方清晰地看清物体称为明适应。老年人调节进入眼睛的光数量的能力在下降，同时老年人进入眼睛的光所对应的感光细胞的感光度也在衰退，因此这导致老年人不仅暗适应，其明适应的能力也在衰退。一般而言，人的视力在明亮的地方比较理想。人的明暗适应能力是明适应比较高，所需要的时间也非常短，在光线暗的地方观看物体的暗适应比较慢。

综上所述，眼睛具有非常复杂的结构，每一部分都在正确地发挥着各自的功能，从而使我们能够拥有清晰明了的视觉。随着年龄的增长，眼睛的这种结构不断变化且恶化，这对老年人的视觉影响会更大（表1.1）。在营造老年人的视觉环境时，不仅要考虑老年人的视觉变化，还要以此为依据，在事先了解眼睛结构变化的同时，给予更加深入的理解。另外，在思考"人是怎样感受的"这一视觉问题时，还必须考虑眼睛结构物理变化以外没有论证到的部分。

表1.1 眼睛随年龄而变化

眼球的生长过程	
新生儿	眼球大小为前后长度16 ~ 17mm。 角膜较平，屈光能力弱，不论看近处还是看远处，都无法正确对焦，属于"远视"。 巩膜很薄，底下的脉络膜透现出来，使眼白呈淡蓝色。 视力为0.03 ~ 0.05
1~2岁幼儿	眼球在头一两年生长迅速，前后长度会增大到20 ~ 21mm。 此后，生长变慢，15岁前每年增大0.1 ~ 0.2mm。 眼球长大的过程决定了近视的发展程度。 视力0.1 ~ 0.4
成人	眼球直径为24 ~ 25mm。角膜的弯曲程度变大，屈光能力变强，焦点正好落在视网膜上（正视）。 但是，如果角膜屈光能力过强，加之眼球前后长度过长，焦点就会落在视网膜的前方，这就是近视。 患近视的人，只能看清楚近处的物体

导致失明的眼病		
糖尿病视网膜病变	年龄相关性黄斑变性	青光眼
40岁以上 症状：视野中有混浊斑点或黑影，视力迅速下降（初期自感症状不明显）。 异常部位：视网膜、玻璃体（出血）。 原因：血糖高，毛细血管负担加重，容易破裂	症状：视野中心区域变暗或者变形。 异常部位：视网膜中心部分（出血，导致视网膜脱离，失去感知光的能力）。 原因：尚不清楚（视网膜里积聚了废物等多种因素）	症状：视野变小（进行缓慢，自觉症状不明显）。 异常部位：视神经（视神经受到压迫，无法传输电信号）。 原因：尚不清楚

白内障		
80岁以上	症状：视物模糊或忽隐忽现，视力下降。 异常部位：晶状体（变混浊，失去透光性）。 原因：紫外线照射等	

23

2 日光与健康

常言道："太阳不照门，医生就来临。"这句话简明总结了太阳和人体健康的关系。太阳是巨大光能和热能的来源。太阳辐射的各种光线按照其不同波长可以排列成光谱（包括可见光、紫外线和红外线等），都具有很强的生物学作用。美国著名光疗法专家杰克·利伯曼（Jacob Liberman）博士归纳太阳光对人类医学有10大功效，即：①促进身体内维生素D的合成；②降低血压；③增强心脏血压的输出能力；④改善心脏机能；⑤降低胆固醇、改善高血压；⑥有利于减轻体重；⑦有利于治疗疥癣；⑧增加性荷尔蒙分泌；⑨减轻哮喘和其他肺部疾患；⑩增加快乐荷尔蒙分泌。可以说，日光是老天赏赐给人类的最好礼物。

外线与日光疗法

日光疗法（Solar Therapy）虽然早在古代就已盛行，但对紫外线的研究，19世纪才在北欧正式开始。

大约19世纪80—90年代，人们发现细菌对大量紫外线的照射非常敏感，于是把紫外线作为抗菌剂开始广泛利用。到了1890年，在光治疗领域有了重大发现，那就是用日光可以治疗成长期儿童的佝偻病（骨矿化不足而引起的骨软化症）。起初，人们对日光为什么有如此神奇的作用还不清楚，后来才知道，日光在照射到人的皮肤上之后，身体内会产生一连串的生理反应，钙和人体不可缺少的矿物营养素在被人体吸收时，可以生成必要的维生素D。维生素D不足时，儿童生长和骨骼的发育所需要的钙数量在身体内不能正常吸收，从而导致儿童的佝偻病和成人的骨质疏松症。

1890年，丹麦医学家芬森（Niels Ryberg Finsen，1860—1904）博士（图2.1）发现，在挪威的冬季，有很多人患有结核性皮肤病，到了夏天也不见好转。芬森博士认为，这可能是日光照射皮肤不足所引起的伤病。

芬森博士有一个习惯，总是在午后坐在门前晒会儿太阳。一只猫在阳光下安详地打着盹儿，那种悠闲、舒服的样子引起了芬森博士的兴趣。时间分秒逝去，太阳西行渐下，被拉长的树影，挡住了猫身上的阳光。

图2.1　日光疗法创始人芬森博士

猫醒后站了起来，伸了伸慵懒的身躯，又来到另一场方，重新卧了下来，接着打盹。每隔一段时间，猫都会的转移而不停地变换睡觉的场地，这一切在我们看来是那样空见惯，可是猫的这些举动却

图2.2　猫喜欢在阳光下打盹的举动唤起了芬森博士的好奇心

唤起了芬森博士的好奇心（图2.2）。猫喜欢待在阳光下一定是因为光和热，说明光和热对它是有益的，那么对人也应该同样有益。正是这一闪而过的想法，成为闻名世界的日光疗法的引发点。

于是，1892年，芬森博士用碳素电弧灯来治疗一般性狼疮（皮肤结核病的一种）。为了更好地治疗皮肤结核病，他还成立了光研究所，初次利用紫外线治疗皮肤结核病，并取得了意想不到的成功。之后不久，日光疗法便在世界上诞生了。所谓日光疗法，就是一种利用日光进行锻炼或防治慢性病的方法，主要是让太阳光照射到人体皮肤上，引起一系列理化反应，以达到健身和治病的目的。

现代日光疗法是芬森博士最早发明的，因为他最早成功地使用集中的光线治疗一般性狼疮等疾病。在1903年，他荣获了诺贝尔医学与生理学奖。不仅如此，芬森博士还对可见光谱另一端的长波长光也进行了研究，并用红色光进行疱疮的治疗。芬森也因此成为光生物学之父被后人敬仰。

2.2　神奇的天然杀菌剂

1877年，英国牛津大学的研究人员发现，在经过灭菌的8支

试管里灌满巴斯德溶液（促进细菌繁殖的糖液），管口用脱脂棉轻轻堵住。有4支试管放入完全没有光照的铅容器中，其余4支放置在有日光照射的窗台上。1个月后，铅容器中放置的4支试管内都清晰地呈现出白色混浊，而一直在日光下的另外4支试管内的溶液依然是清澈透明。经显微镜观察，大量的白色混浊物为细菌。在气温不变的环境下试验结果相同，这就排除了温度对试验结果产生的影响。然而，在试验过程中，天气的阴晴对试验结果则是有影响的。

之后，研究人员又用尿和干草的浸出液再次试验。据说，当从铅容器中取出尿液试管时，虽然只有1滴尿液，但检查时也使研究人员的心情不爽。原因是在尿液中含有大量的杆菌、双球菌以及球菌。这项试验无疑证明了日光具有杀菌的作用（图2.3）。

图2.3 日光杀菌试验

当时，研究人员虽然没有把杀菌效果与紫外线联系在一起，但对于发现杀菌要素之一的氧气效力提供了线索。把有效成分与紫外线联系在一起是从20世纪初，由瑞士的一家小医院的医生用日光浴治疗结核病开始的。对进行日光浴的患者细心观察。开始时间较短，之后循序渐进，每天不断增加在户外的时间。医生的理论开始没有被人们所重视，可是20年之后，为治疗结核病而建立的日光浴的诊疗所如雨后春笋，遍布世界各地。日光浴疗法除了特效的病症以外，对大肠炎、痛风、贫血症、膀胱炎、动脉硬化症、风湿性关节炎、湿疹、粉刺、哮喘、烧伤等皆有疗效。另外，发现日光的紫外线还能降血压。经历1次日光浴降压效果可以维持五、六天。

可是，当日光浴疗法正在盛行的20世纪30年代后期，最初的抗生素盘尼西林（青霉素）问世。医生和患者全都青睐于这种新型药物疗法，日光浴疗法也就逐渐淡出了人们的记忆。

2.3 日光利于钙吸收

21世纪的今天，人们正在重新审视着日光的治疗效果。比如说，比起骨质软化症，一般还是维生素D不足而引起的相关骨质疏松症的问题更为凸显。保守地说，50岁以上的女性每3人中就有1人、男性每12人中就有1人患此病症。这种病开始时骨量降低，逐渐变脆，最后导致骨组织结构破坏。预防骨质疏松症最好的方法，就是在青少年时期大量摄取维生素D和钙，成年后多参加户外运动。到了老年后，也要不间断地适当进行日光浴。对于老年人来说，在附近的公园散步，在日光下的座椅上稍作休息，这是获取当日必要的维生素D的理想方法。另外，由于老年人的应急和反应能力降低，所以要尽量注意日常保护，如饭后起立、夜间起床等，以减少跌倒的危险，降低与骨质疏松相关的骨折的发生。钙不仅使骨骼强壮，而且还在体内具有其他重要的生理功能。

人体获取钙使骨骼强壮是离不开光的，尽管这种光的频率极低。极低频（ELF）电磁场是美国纽约州的哥伦比亚大学开发的技术，其让电磁场的脉冲通过手和脚的方法，用于通常方法治疗不了的骨折治疗。另外，美国马萨诸塞州的波士顿的老年设施中以男性老年人为对象的研究表明，经过日光浴疗法，钙的吸收率会得到改善。这项实验是让志愿者在隔离自然光的场所里，在各种人工照明下生活进行的。在7天的时间里，被实验的志愿者小组，仅吸收了食物中钙的40%。之后再看1个月没有沐浴自然光的被实验小组，钙的吸收率仅为25%。在被实验的年轻男性志愿者中也得出了相同的结果。与自然光隔离2个月，维生素D的数值下降了50％，摄取的钙开始停止吸收，骨骼也不再接受钙。

这项研究给予人们生活上的启示不言自明，那就是无论年老年少，都走出户外接受太阳的恩惠（图2.4）。

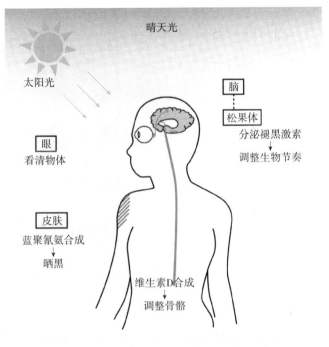

图2.4　太阳光对人体的影响

另外，科学家们发现日光还可以治疗牛皮癣、白癜风等皮肤病。美国的爱德尔松博士采用补骨脂素牛皮癣制剂给患者口服，然后将患者血液抽出放到透明试管中，用长波紫外线进行照射后再输回病人体内。实验表明，此方法对有些牛皮癣、白癜风等病人有一定疗效。

在考虑自然光的有益效果时，必须引起注意的是：如今很少走出办公室、以室内为中心的人们，还是要在夏季，拿出整块时间去休假，去接受日光浴。当然，突然接受强烈的日光不但没有健身的效果，反而对身体有害。应该每天逐渐增多，循序渐进地

29

接受日光浴，这样对身体才有好处。刚开始对白嫩的皮肤过于暴晒的话，不仅会引起皮肤疼痛，还有引发皮肤癌的可能。

2.4 紫外线的期待与危险

有关日光的危险性我们已经听到了很多。以英国国家放射防护局（NRPB）为代表的规制团体也指出了沐浴必要日光以外的危险性，因为电离圈产生了变化，紫外线光谱端部的有害部分比以前到达地表更多。

近年，NRPB就沐浴太阳光中紫外线的危险性作出了有关论述。由于蓄积的氟利昂气体（Flon Gas）致使臭氧层不断减少，紫外线暴露也成了重大问题而造成人们的心理恐惧。然而，减少氟利昂气体的排放，臭氧层也仍然会不断减少。在对流层与平流层之间，聚集着大量臭氧气体，使太阳的紫外线在到达地球表面之前就被大量吸收。南极上空的红色与紫色部分（图2.5）虽然不是臭氧空洞，但也是臭氧最稀薄的一带。

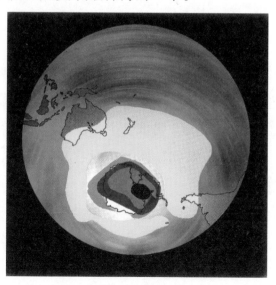

图2.5　臭氧最稀薄的南极上空

另外，从地球向天空发射的各种波长的无线电波也会导致臭氧层的破坏。无线电波沿地球呈曲线发射，在碰撞到电离层后仍在前行。也就是说，"臭氧空洞"（Ozone Hole）是极地和瑞士等地区地表有白色冰雪且光易反射地域的上空，以及纽约、伦敦城市上空有大量电磁波相互交叉造成的。

上述问题可能导致北半球城市里的市民患皮肤癌和白内障的概率增加，达到与澳大利亚、南非的同等程度。基于这一点，居住在北半球的人们要深刻认清电磁波污染的危害性。作为亡羊补牢的对策，可以沿着无线电网铺设光导纤维来改善信息通讯，从而大大减少电磁波污染的现状。

2.5　沐浴日光的安全方法

合理沐浴日光对身体有益。像已经了解到的那样，太阳光对人具有诸多的恩惠：具有治愈效果、促进体内维生素D的合成、提高免疫力等。但是，使皮肤变红的暴晒是有害的，会使皮肤提早老化，易患皮肤癌，应该避免暴晒。皮肤癌患者在英美国家癌症患者中的数量占第2位，在一些黑色人种的局部地区，每5人就有1人患有皮肤癌。皮肤癌的发病率年年增加，2000年，比20年前增长了1倍。

导致皮肤癌的原因一定是通过日光，或者日光浴过度照射紫外线。另外，紫外线通过像水、砂砾、雪等白色物体的反射强度仍然很高。还有浅水中、薄云的日光也是遭到日晒的原因，这是因为太阳光的75%可以照到的缘故。

暴晒会引起皮肤损伤而使肤色浓重，这是由于人体具有对UVB（波长为280～320nm的紫外线）反应的自身防护功能从而产生了黑色素。UVB虽然使细胞癌变的可能性变高，但UVA

（波长为320～380nm的紫外线）的作用也不能轻视，它可以渗透到人体组织的深层而促使皮肤老化，从而促使了UVB的致癌（图2.6）。因此，要经常注意自己皮肤的状态。经常观察瘊子和黑痣颜色和大小的变化，若出现瘙痒或出血时，尽早去医院看医生。皮肤癌早期发现是可以治愈的。

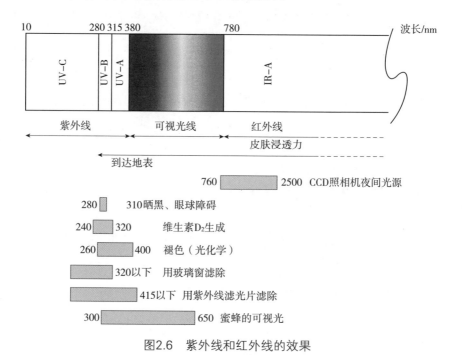

图2.6　紫外线和红外线的效果

那么，什么样的人容易患皮肤癌呢？20世纪80年代的研究表明，与预想的正好相反，容易患皮肤癌的人主要是在室内从事工作的人，而在户外劳动的大多数人是不易患皮肤癌的。患皮肤癌危险率最低的是定期接受日光沐浴的人。这项研究也提示我们，虽然最新见解也证实了沐浴日光是最危险的方法，但暑假惯例去海边集中享受日光浴，定期、短时间地在阳光下生活是最佳的选择。并不一定是在盛夏，一年中天气稳定晴好时，要积极地去亲近自然、享受太阳给我们带来的恩惠（图2.7）。

图2.7　积极、合理地去沐浴日光

那么，我们怎样做才能不受到伤害而放心地享受日光呢？以下建议谨供参考。

（1）一天中至少进行30分钟户外活动。散步、园艺、闲坐都可以。户外背阴的地方效果更佳。在外活动1小时以上也可以，时间要逐渐延长。盛夏白天不要突然在外时间过长。在室内开窗旁就座，日光也能照射到。但绝不能隔着玻璃窗晒太阳，因为玻璃的阻隔起不到日光浴的作用。

（2）避开日晒。日晒会导致皮肤损伤。不要急剧暴晒，因皮肤自身的防护功能，要循序渐进地使皮肤变为淡黑红色。

（3）清晨的旭日比正午的阳光更有益。气温在25℃以上时，要尽量避免直射日光。

（4）在还未适应旅行当地暑热的情况下，在适应当地气候的数日里在背阴下活动。

（5）为保护头部和颈部，须戴帽子。

（6）眼镜、太阳镜、隐形眼镜会遮挡紫外线，对健康有益的日光浴效果会打折扣。因此，在阳光不是很强的情况下，最好摘掉眼镜类的东西进行日光浴。

（7）日光浴时间表不要集中安排在夏季，而是从春季就开始循序渐进。

（8）要配合健康的饮食。研究表明，大量食用具有丰富的抗酸化物质的水果和蔬菜，可以最大限度地抑制日光侵害，并有效地减少紫外线对皮肤的伤害。

（9）不要过分依赖防晒霜。使用防晒霜后，长时间暴露在日光下，易患黑色素瘤。另外，防晒霜会阻碍皮肤内维生素D的合成。

2.6　季节性忧郁的良药

1984年，由诺曼·罗森塔（Norman Rosenthal）博士首次提出了"季节性忧郁"（亦称季节性情感障碍，SAD）这一概念，其病症是：每到秋冬季节反复发作，情绪低落、无精打采、白天犯困、夜晚清醒、食欲增强、体重增加。对周围人发脾气的痴呆老年人的行动异常，都是因为随昼夜变化的生物节律（自身的身体节奏）不相适应的结果导致的。一旦到了来年春夏季节，病症则完全缓解或部分转为狂躁发作。季节性忧郁女性居多，是男性的4倍左右。

典型的季节性忧郁在冬季里反复2年以上，如果没有其他病因的话，就可以诊断为季节性忧郁。季节性忧郁与临床的抑郁症有着诸多的不同点。例如，与抑郁症的食欲缺乏和体重减轻相对照，季节性忧郁的情况却是贪恋碳水化合物，过度饮食和体重增加。季节性忧郁患者与抑郁症相同的是，清晨醒来，比起失眠来更倾向于过度睡眠。除此以外，还有以下症状：自尊心减弱、负面思考和情感、漠不关心、绝望感、疲劳感、精力不集中、记忆力下降、烦躁不安、紧张、性欲丧失。之后一到春天，阶段性或突然性心情产生变化（表2.1）。

表2.1　季节性忧郁与抑郁的不同

	季节性忧郁
易患类型	20～40岁（特别是20岁前后的比较多）； 没有社会的或心理的原因； 没有神经衰弱等其他精神疾病； 近亲多有抑郁症状，也有遗传的因素
症状	无精打采，集中力、好奇心下降； 睡眠时间长、经常犯困； 想吃东西（特别是面包、米饭等碳水化合物和甜的食品）； 体重明显增加
原因	向北方（高纬度）的地方迁居（越是北方高纬度的地方，患者越多）； 搬进阳光不容易射进的朝北向房间； 生活节律紊乱； 因减肥等的偏食
时期	10月开始就感到不适（最严重时在1—2月）； 有严冬时期的，严重的也有从秋季到来年春季的； 夏季有此状态的，食欲、睡眠欲减少，参加社交活动却很多； 也有夏季或者夏季和冬季都患有忧郁症的情况
	抑　　郁
易患类型	工作认真热情，责任感强的完美主义者； 想法悲观； 对周围的评价反应过敏； 对某一件事执著，缺少柔韧性； 不善于表达感情等
症状	对所有事情不感兴趣，对人生没有希望，集中力和判断力下降，对事情拖延懒得做，不想见人，想一个人待着，对自己没有自信； 失眠、食欲缺乏、头疼、病病快快、悸动、肩痛、易疲劳、手脚发麻、性欲下降、月经不调、易出汗

续表

抑　郁	
原因	工作过度、晋升、改行、调任、失业； 孩子独立、亲人死亡、失恋、结婚、离婚、生产； 考试失败、搬家等心理的刺激； 连续睡眠不足
时期	不特定

　　据流行病学调查，季节性忧郁与地球的纬度有关。在高纬度地区，尤其是在气候寒冷、冬季持续时间长的北欧地区患病率很高，患者在移居低纬度地区后，病状会缓解。有关季节性忧郁的发病机理和假说有很多，其中日照时间减少是引起该病的主要原因。也就是说，这种病被认为是受到达眼睛里光的数量所影响的。一旦患有季节性忧郁，也不用紧张，可以通过补足人工光照使症状得到缓解。

　　由于季节性忧郁的治疗须采用与日光相近的光，因此诸多企业开发了能放射出全光谱的光且照度至少2500lx的专用灯箱（Light Box）。勒克斯（lx）是光的照度单位，1lx相当于1.5m距离点燃1支蜡烛所发出的亮度。由于专用灯箱采用了无闪烁短波长用电路，所以能放射出除紫外线外的高亮度灯光。晴天日光下大约是100000lx，专用灯箱的明亮程度也就可想而知。褪黑激素值在200lx的光照下，经过1个小时就会产生变化，而室内的普通照明只能照射到大约600lx或700lx程度。

　　现在，专用灯箱能发出大约10000lx光的已经不足为奇，这对于改善因时差头晕、月经前期综合征（PMS）非常有效。不仅对季节性忧郁，而且对工作因轮班而引起的症状也有改善。疗法是每天坐在光源前接受沐浴15～45分钟即可。

　　早期进行光疗法对于治疗季节性忧郁是非常重要的。因为这样可以引起24小时周期循环。在专用灯箱放射出来的灯光的沐浴下，抑制了松果体作为夜间活动的褪黑激素的生成，使人体进入觉醒状态。

治疗季节性忧郁的专用灯箱不能与为使肌肤变为小麦色而常用的阳光床相混同。阳光床有大量的紫外线射出，而专用灯箱是没有紫外线射出的。绝不能用专用灯箱的光沐浴紫外线。相反，阳光床也不能沐浴全光谱的光。

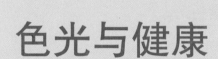

色光与健康

　　人类通过光、声、味等刺激获取外部信息，然后再进行判断而采取行动。五官中获取外部信息的能力最高的是视觉，占87%（图3.1）。从"百闻不如一见"的谚语中我们可以知道，用眼看到事物是获取外部信息最重要的手段。

　　当今时代，治愈身心疲惫的方法有很多，像嗅觉疗法（亦称芳香疗法：Aroma Therapy）、音乐疗法（Music Therapy）等，其中，最多的要属用色彩疗法（Color Therapy）设施进行的治疗方法。

　　虽然系统化的光疗法理论书籍还比较少，但是通光疗法使人达到健康却是行之有效的，人们通过视觉、通过光给予人体的影响来治疗进而消除疾病，并通过不断的科学分析，得出更加期待的结果。

　　早在古埃及、古希腊、古罗马等的古代文明中，人们对光在医学上的利用就已非常重视。据说古埃及是最早利用色光来进行治疗的；最早用日光进行治疗的实证则出自古希腊。在古希腊的信仰太阳神的中心地赫利俄城（Heliopolis）就有非常有名的治病神殿，利用日光的分光特性，把光谱中各种色光用来治疗所对应的疾病。

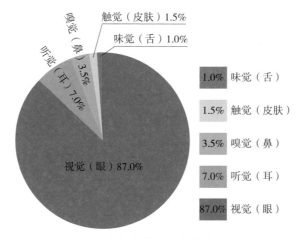

图3.1 五官各自获取外部信息的比例

3.1 色光治疗的诞生

前面提到，现代日光疗法是由丹麦医学家芬森博士发明的。从1870年开始，色光的多彩效果也受到了人们的关注。色光治疗（Spectrochrome and Syntonic）是采用不同色光对人体各器官进行照射，达到治疗目的。有单光的具体部位照射疗法，也有多种光的流动照射，治疗室内有优美的音乐，也有沁人心脾的花香，几十种不同色彩的色光照射，会产生很好的治疗效果。用色彩光进行治疗和康复的色光治疗所、色彩康复中心迅速发展起来。

到了1900年，独立利用色光进行治疗的两位天才人物登上了历史舞台。直至今日，他们的研究成果对于现代的光疗法也有着极其深刻的影响。

一位是美国人丁沙·加迪阿利（Dingshah Gaddyallee），他通过"光谱分色疗法"（Spectrochrome），用彩色滤光片把色光照射在患部进行治疗。他利用发出的特定元素的强光，使元素在人体内所达到的功能这一关系理论化，若使用这种色光进行治

39

疗，则更有助于人体内的元素活动。于是，他独自开发了12种颜色的滤光片，分别用于人体的不同部位进行直接照射，以达到治疗疾病的目的。

另一位是哈里·赖利·斯皮特勒（Harry Riley Spitler），他首先关注了人类对于光生理会有怎样的反应，之后独自开发了"谐振原理"（the Syntonic Principle），即通过改变进入人眼里的光色而进行治疗的光疗法。用改变进入人眼里的光色，来达到对患者治疗的目的。

3.2 色温对生理和心理的影响

有史以来，一直存在着光是我们人类和生命不可欠缺的重要观点。能量最大的太阳光给予地球上生命的进化以重要的影响。太阳光的光谱特性、一天中光的节律，以及一年中季节的光变化，对我们人类都会引起各种各样的生理反应。

旭日东升开始了新的一天，人们的生理和心理充满活力。鲜花盛开，万物苏醒。随着太阳升起，天空从黄白色到蓝白色变化，对其自然光的变化，人们的心情也在产生着变化。在夕阳橙红色光照下，人们的心境放松，活动也变得平缓；随着暗蓝色夜空的到来，一天生活也就随之结束，人们的活动也就逐渐变得安静（图3.2、图3.3）。这些光色一般都用色温的方法来加以表达，色温（Color Temperature）是表示光源光色的尺度，单位为K（开尔文）。白天蓝

图3.2 自然界的光呈现出戏剧般的表情

白色的太阳光色温高（约6500K），傍晚橙红色的太阳光色温低（约2300K）。色温的不同，可以反映出人的蓬勃、爽快、热情、跃动、寒暖、舒服、放松、平和等不同的心境，使人的心理受到各种不同的影响。在

图3.3 夕阳下人们的心境变得安稳

照明规划中，这些色温的心理效应很多都被有意识地加以选择，是创建舒适空间的有效手段。

市场上销售的一般照明用人工光源，因种类而有各种不同的色温选择。日常的照明空间多是以2000～6500K的光源来支配，这个范围的光色对于我们来说是比较适合的。2000K的光色与红色的烛光比较接近，6500K的光色与太阳和天空光合成的白天光比较相似（图3.4）。

光源的色温越低越偏暖，色温越高越偏冷。随着色温的不断增高达到白色，然后再从白色到日光色，也就是青色成分增多。当然，这种光色对我们的心理影响很大。白色明亮的光是活动型的，作为办公室和工厂车间的作业照明是比较合适的。即使是住宅空间也多用于像厨房、儿童房间等空间。像白炽白色那样的光色在一定的照度下，给人以亲切、安逸的感觉，所以经常用于像起居室、餐厅、卧室的空间氛围。

在欧美诸多国家里，80%～90%的住宅使用的是白炽灯。从明亮的玻璃窗透射出来的暖色光，室内亮丽的灯具透射各自的光彩，使户外过往的人们犹如在欣赏着美术馆里的作品那样，心情格外舒畅（图3.5）。与此相比，亚洲的住宅多使用白色光的荧光灯，多少给人以冷酷的印象。

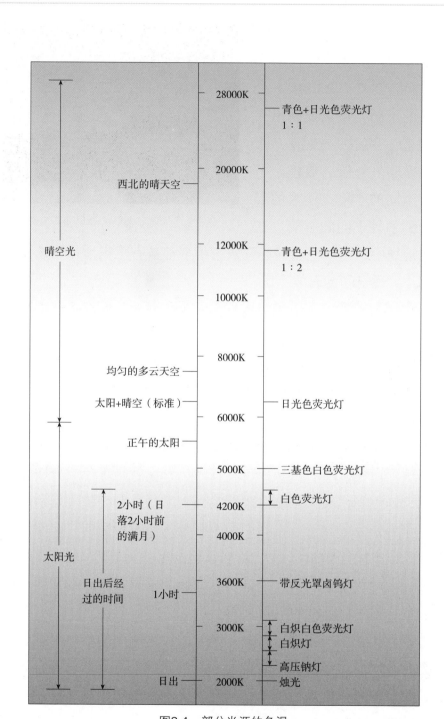

图3.4　部分光源的色温

图3.5 住宅里投射出来的暖色光
（图片提供：日本中岛龙兴照明设计研究所）

如今，由于白炽灯的能效过于低下，高瓦数的白炽灯已经被禁止生产了。但很多老年人对白炽灯那温暖的光色和传统的外形依然怀念。为了迎合老年人的这种心理需求，许多照明厂家推出了像白炽灯那样外形和光色的CLEAR LED灯，既保留了这种珍贵特别的光源，又提高能源利用率，可以说是一举两得（图3.6）。

43

图3.6 传统白炽灯外形的CLEAR
LED灯泡（PHILIPS公司研制）

3.3 可见光谱与分光分布

我们所看到的光其实只是电磁波极其短小的一部分，约380～780nm，这部分称为"可视光线"。太阳光是以各种波长的能量，几乎以均匀的强度混合而成的白色光。

英国著名物理学家牛顿（Isaac Newton，1643—1727）发现，太阳的白色光包含有各种颜色的光，用棱镜可以把太阳的白色光分解为7种颜色，这7种颜色的变化范围带就是"可见光谱"。太阳光可以分解为红、橙、黄、绿、青、蓝、紫这7种颜色光（图3.7）。一些光源的能量强度可以从分光分布曲线图中了解到（图3.8、图3.9）。

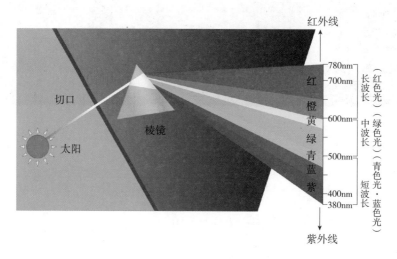

图3.7　太阳光包含有各种颜色

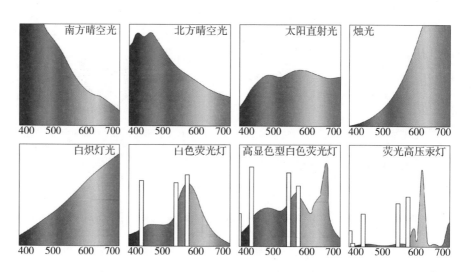

图3.8　部分光源的分光分布曲线图（单位:nm）

日光色中含有蓝色光　　　　　高显色型白炽白色中不含蓝色光

图3.9　LED灯泡的分光分布曲线图
（图片提供：日本中岛龙兴照明设计研究所）

　　光源不同，分光分布也就不同。太阳的能量是均匀分布的，因此物体无论是怎样的颜色都能在日光下鲜艳地呈现出来。我们所看到的物体颜色，是物体反射特定波长的光，然后再射入我们的眼睛所感受到的结果；没有被反射的光被物体所吸收。因此，在没有光的世界里，色彩也就不存在。

3.4　人体内七处的查克拉

45

　　查克拉（Cakra，中文翻译为脉轮、气卦，粤语译作"卓罗"）一词是梵文，源于印度，在我国也作为传统医学的概念流传甚广。它是精神和身体完美融合所产生的一种能量。简单来说，就是使用忍术时必需的能量，而这种能量大体上是由人体大约几十万亿个细胞里，一个一个摄取出来的身体能量，以及在经历许多修炼、积累经验后而锻炼出的精神能量。

查克拉在瑜伽的观念中是指分布于人体各部位的能量中枢，尤其是指从尾骨到头顶排列于身体中轴的地方。人们认为，在人体内的七个地方存在有眼睛看不见的"气"的出入口，在这七个地方内分泌的作用下，对人的身心产生影响，这与彩虹七种颜色的各自波动相一致，也就是所谓的能治疗的色彩（Healing Color）。

印度哲学认为，查克拉存在于身体中，同时掌管身心运作。在生理方面与各器官功能有关；在心理方面则对情感及精神方面都有影响，并且跟色彩有密切的关系，由下而上分别对应彩虹的七种色彩，并进而衍生出色彩疗法。意在生活中活用色彩能量（光）对身体及心灵进行自然疗法，给予身心安适感而回归平衡的健康状态。

查克拉分布在人体中的七个能量中枢，从下而上分别为尾骨、下腹部、肚脐附近、胸口中央、喉头、眉间、头顶。人们认为，查克拉的作用就是对身体各个器官的机能、感情、精神施加影响，并且和色彩有密切的联系，从下而上分别为红、橙、黄、绿、青、蓝、紫（图3.10）。

图3.10　查克拉七能量中枢

七处的查克拉有不同的心绪倾向。生活中人们会遇到各种各样的烦恼袭扰，很多人认为这是命苦，其实这与查克拉的"气"有关。重要的是回避烦恼，让"气"得到充实，掌握能治愈的色彩，合理地饮食。另外，要充分理解负面情感对身体的害处，积极面对人生，努力改变自己才是我们要达到的目的。表3.1列出了各查克拉对人们身心所带来的影响，仅供参考。

表3.1　各查克拉对人们身心所带来的影响

第一查克拉：属于海底轮，位于会阴。疗效色：红色（补色为蓝绿色，添加后变为白色）

与这一部位有直接关系的问题是金钱。与金钱相关的问题不管有多小，也会导致发生矛盾。不是金钱的多少问题，也许是金钱的来往方式出现问题。除此之外，还有与生存相关的问题。是对支撑身体的足部、臀部、骨盆、脊髓等下部影响的部位，这与自身生存世界的安全和两腿能够稳定地站立相关，具有实现梦想的意味在里头。

这种查克拉的"气"减少的话，就会出现腰痛、坐骨神经痛，以及直肠障碍等

第二查克拉：属于生殖轮，位于闾尾（脊柱末端）。疗效色：橙色（补色为蓝色）

是与境界和专有相关的部位，与自己周围的外界相关联。与财产、性欲、幸福等有关且受到影响。若充实这种查克拉的"气"，会对自己获得财和福的能力充满自信，而且保持有积极的心态

从身体方面来看，对生殖器系统、肠下部、腰部、骨盆、盲肠、膀胱等产生影响。当感到不幸或悲观时，免疫系统、生殖系统会出现病变，腰部和骨盆周围会产生疼痛，也会引起膀胱和泌尿系统障碍

第三查克拉：属于脐轮，位于腹部。疗效色：黄色（补色为紫色）

与人的基本尊严相关，有自信且对自己的事情认为最重要。为了深入探究知识而敢于走向世间，具有培养自身的能力。

从身体方面来看，对胃（腹部）、肠上部、胆囊、肾脏、脾脏、副肾、胰脏、脊髓中部等有影响。这种查克拉的"气"减少的话，可以引起肠胃障碍（溃疡）、糖尿病、肾脏病、肝脏病、肝炎、食欲缺乏、吃得过多等

第四查克拉：属于心轮，位于胸部。疗效色：绿色（补色为红色）

与接受或表示爱、精神安定和身心安全有关。

身体涉及心脏等的循环系统、肺部等的呼吸系统、肩膀和肋骨、胸部、食道的影响。出现的问题有心脏疾患、动脉硬化等循环系统的障碍、哮喘、过敏等呼吸系统的疾患，还有肺炎、脊髓上部和肩膀的障碍

第五查克拉：属于喉轮，位于喉部。疗效色：青色（补色为橙色）

与表现相关。为了表达自己的心声，激发出神秘且惊人的力量。

身体方面对甲状腺、气管、咽喉、食道上部、口腔、牙齿、牙龈、腭、头部等产生影响。出现的问题有慢性咽喉病、甲状腺机能不全、慢性牙龈和牙齿疾患，还会引起头部的常见疾患

第六查克拉：属于眉间轮，位于眉心。疗效色：蓝色（补色为黄色）

与掌握高深知识、超越直感和培养心灵知觉有关。可以看到一般人看不到的空间。涉及脑、眼、耳等器官，且影响到学习进取。

出现的问题有脑部疾患（癌、血栓、发作、出血等），还有神经系统疾患、慢性头痛、眼和耳的疾患、心理障碍和学习障碍等

第七查克拉：属于顶轮，位于头顶。疗效色：紫色（补色为黄绿色）

掌管着生命的全部。

影响着身体的全部，特别是神经系统、肌肉、骨骼系统、皮肤等肉体的主要部分。出现的问题有神经系统、DNA、大脑相关的症状和麻痹等

　　颜色能够通过人眼、皮肤、头骨被人吸收，而人体中的每一个细胞都需要光的能量，所以色彩的能量通过细胞吸收后会影响全身，而且是从身体、情感和精神多个层面全面影响人的健康。古印度人在修炼瑜伽时，经常利用自然光达到更佳的修炼效果。

　　其实，人类关于色彩及其对人体影响的研究已有漫长的历史，它是古代文明的精神基础。除了古印度人外，古希腊哲学家亚里士多德（公元前384年—前322年3月7日）也曾对色彩进行过广泛的研究。中世纪欧洲著名医生阿尔韦托马格诺发表的关于颜色的论著，至今仍有非常珍贵的意义。

　　在现代医学上，色光治疗疾病的证据有很多。1982年，位于美国加利福尼亚州（State of California）的圣迭戈州立大学（San Diego State University）护理学院的一项研究显示，暴露在蓝色灯光下可以大大减轻患风湿性关节炎妇女的痛苦。1990年，美国的一项研究也揭示，闪烁的红色灯光可以在1小时内，让剧烈的偏头痛得到缓解。

　　色光疗法的实践还证明，在阳光的七色光谱中，蓝色对治疗失眠症、高血压有帮助；绿色有助于缓解神经紧张；黄色有助于治疗便秘，提高自信心；橙色对治疗抑郁症和哮喘有效；紫色有助于减轻上瘾症和偏头痛；青色则有助于治疗关节毛病和静脉曲张；红色被认为有助于改善怠惰乏力和性欲不振。

　　此外，在当今的医疗保健领域，色彩疗法经常跟其他疗法相结合，以期达到最佳的保健和治疗目的。越来越多的瑜伽导师开始在瑜伽课中使用色光灯，让有色彩的灯光从教室后方射到学生的背后，增强瑜伽修炼的效果。在一些瑜伽课中，瑜伽老师还会让学生想象在心脏部位有个绿色球，借此改善人们爱的能力，改善身心平衡。

3.5　色光对人体的影响

　　有关色光对人体影响的论述，多是以丁沙博士的色光治疗理论和哈里博士的色光假说为基础，再加上利伯曼（Jacob Liberman）博士的系统化统计而得出的结果。光谱长波长的红色光，刺激脑内的交感神经；光谱另一端短波长的青色光刺激副交感神经。因此，红色光促进活动的荷尔蒙分泌，使人体机能活性化；相反，青色光促进沉静的荷尔蒙分泌，使人体机能处于休息状态。七色光光谱中间的绿色为平衡点，对各种症状都会有一定的疗效。另外，各自色彩的中间色也掌管着镇静和平衡的作用（图3.11）。

长波长　　　　　　　　　　　　　　　　　　　　　短波长

作用：刺激交感神经　　　　平衡点　　　　作用：刺激副交感神经
（促进活动）　　　　　　　　　　　　　　　　（促进镇静）

图3.11　七色光对人体的影响

3.5.1　红色光对人体的影响

　　（1）刺激自立神经的交感神经。

　　（2）血压、脉搏、呼吸、觉醒度、眨眼的周期会增加。

　　（3）紧张和兴奋度增高。

　　（4）不安感和心情烦乱增加。

　　（5）对治疗偏头痛有效（戴上护目镜，观察用不同速度点亮、熄灭的红光，不到1个小时偏头痛就会大大缓解）。

　　（6）提高运动员的爆发力（短时间观察红色光）。

　　用红色光可以使脉搏、呼吸、血压上升，就如同用橙色和黄色促进消化液分泌，从而达到增强食欲一样，这就是为什么很多汉堡包店的标牌、店内装饰的主色调是橙黄色的缘故。由于眼球含有较多的液体，对红色光吸收较强，因而一定强度的红色光直接照射眼睛时可引起白内障。白内障的产生与短波红色光的作用有关；波长大于$1.5\,\mu m$的红色光不会引起白内障。

图3.12　起镇静效果、缓解瘙痒的蓝色光照明
（图片提供：日本中岛龙兴照明设计研究所）

3.5.2　蓝色光对人体的影响

（1）刺激副交感神经。

（2）血压、脉搏、呼吸、觉醒度、眨眼的周期会变短。

（3）增加舒适感，缓解不安和敌意感。

（4）450nm的蓝色光对治疗高胆红素血症（婴儿的黄疸）有效。

（5）缓解风湿症。

（6）提高运动员的耐久力（短时间观察蓝色光）。

蓝色光刺激副交感神经，表现在可以扩张血管、缩小瞳孔，使脉搏、呼吸和体温等下降，对神经起到一定的镇静作用，因此在治疗失眠症、控制情绪、镇定精神状态等方面常常被采用（图3.12）。另外，蓝绿色光也有舒缓情绪、镇静精神状态、恢复身心疲劳等功效。在辅助治疗眼疾方面，蓝绿色也起到了一定的积极作用，例如医院里治疗室的灯光亮度比较高，容易产生眩光，在这种情况下，我们可以把治疗室里的墙壁涂饰成淡蓝绿色，这样问题就可以有效地得到解决。

这种色彩对人们心理无意间的影响还表现在色彩的明度、彩度（饱和度）上。高明度低彩度的软色调可以放松人们的心情；高彩度的红颜色可以使人兴奋和提高攻击性，而相同暖色的粉颜色却可以使人的身心得到舒缓，可以使人的肌肉放松，可以抑制残暴、敌意，可以增强喜庆感和幸福感，有些国家监狱或教养设施里的内装饰就采用粉颜色。

3.5.3 其他色光对人体的影响

除了红色光和蓝色光对人体的影响之外，其他可见色光对人体的影响见表3.2。

表3.2 部分色光对人体的影响

橙色光（Orange）
健壮肺部，刺激呼吸；健壮甲状腺，并给予刺激；抑制副甲状腺的炎症；缓和痉挛、肌肉痉挛；刺激乳腺；有助于胃消化；刺激肠胃；有助于钙发挥作用；预防细胞的炎症

续表

黄色光（Yellow）

刺激使肌肉活性化的自律神经系统；使内分泌活性化，感觉灵活敏锐；刺激淋巴系统，使细胞健壮；促进肠、脾脏、胃的流动物（胆汁、胃液等）的机能；使整个腹部的作用活性化；减轻脾脏的负担，缓和抑郁症

黄绿色光（Lemon，中间色光）

有助于恢复慢性症状与代谢，营养得到最大吸收；溶解血栓；通过咳嗽等方式排出肺部的污物，使呼吸道保持清洁；增强磷，使骨骼更健壮；刺激大脑，使其活性化；刺激胸腺；对消化系统柔和地刺激

绿色光（Green）

使大脑很好地取得平衡作用，从而保持身体的平衡感；促进肌肉和细胞的代谢作用；排出体内的细菌和寄生虫；抑制化脓，起到净化作用

青绿色光（Turquoise，中间色光）

为了培育急性病状的抵抗力而促进摄取营养，并有助于恢复身体；促使大脑镇静；治疗皮肤病，并使皮肤健康

青色光（Blue）

缓解疼痛；促进发汗；缓和热烈和兴奋；刺激且恢复大脑

蓝色光（Indigo）

形成且刺激副甲状腺；镇静甲状腺；镇静呼吸；缩小脓肿和肿瘤；减少脏污分泌物，防止出血；排出侵入体内的细菌，产生新细胞；镇静胸腺；抑制兴奋

青紫色光（Violet，中间色光）

刺激脾脏，使其健壮；祛除包括心肌的全身肌肉活动的疲劳；镇静淋巴腺、脾脏的疲劳；使神经系统得到休息；促进白细胞的形成

紫色光（Purple）

祛除肾脏和肾上腺素的疲劳；缓解疼痛；促进睡眠和身心放松（精神镇静作用）；增进静脉血管机能；扩张血管，减少脉搏，平缓肾脏和肾上腺素的运动，降血压；降体温；控制由于感染而引起的高烧和高血压；降低兴奋度与性欲度；平均稳定心脏与肺部之间的血压

红紫色光（Magenta，中间色光）

对保持感情平衡、运动机能（心脏、血液循环系统、肾脏、肾上腺素、细胞再生系统）的平衡起一定的作用

粉紫色光（Scarlet，中间色光）

刺激肾脏和肾上腺素，使其健壮；刺激全身，促进动脉搏动；增强血管，心律上升，刺激肾脏和肾上腺素，血压上升；有助于顺利生育；有助于性欲的亢奋；刺激身体的生理机能，促进代谢

3.6 全光谱照明的效应

全光谱照明是指尽可能与太阳的光谱特性相近的光源。诸多实验证明，全光谱的光能增进人体健康，提高作业效率，对疲劳状态和头痛、抑郁等症状都有减缓的作用。伴随着室内生活时间的增多，全光谱照明的意义将更加远大。

说到全光谱照明，不能不提到一个人物，那就是美国生物光学家约翰·奥特（John Ott）博士（图3.13）。在他的职业生涯中，他发现在常用的人工照明条件下，不能有助于室内植物的生长，进而发现所有生命需要太阳所提供的全光谱照射才能茁壮成长。另外他还发现，由普通荧光灯管发出的阴极辐射会导致植物的突变和异常形成。在40多年的时间里，奥特博士拓展了研究范围并在许多教育性和科普性杂志上发表文章。奥特博士发明了第一种全光谱带有辐射保护的光源——the OTT-LITE，非常接近自然阳光。随后他还创造了照明领域革命化的产品。奥特博士也因此被誉为全光谱照明之父。

奥特博士早年在低速拍摄南瓜开花的过程中，发现了一些全光谱光的非凡特性。南瓜在室内荧光灯照射的培育下，雄花很健壮，而雌花却显得枯萎。改用冷白色光荧光灯后却出现了相反的情况，雌花艳丽授粉，而雄花却变得枯萎。南瓜完全得到受精是因为全光谱自然光的缘故。

奥特博士在电影《Exploring the Spectrum（探究全光谱）》中，描述

图3.13 全光谱照明之父约翰·奥特

53

了全光谱的光对生物的影响。在自然光照射下，植物细胞的叶绿体呈现有秩序的活动。可是，在不含紫外线的光的照射下的细胞中，叶绿体的正常模式被打乱，有向细胞中一个地方集中的倾向。即使是通过红和蓝色滤光镜的光也会使模式混乱。

被唤起兴趣的奥特博士进行了动物在各种光下照射反应的实验。在实验室里，用粉色光荧光灯连续照射小鼠，平均只存活了7.5个月。用白色光荧光灯照射，平均存活8.2个月。在自然光下饲养的小鼠平均存活16.1个月，而且比起其他小鼠要健康得多。

根据这项研究结果，奥特博士定义出了"Mull Illumination（混乱照明）"这一词汇。指的不是全光谱照射，而是指在全光谱内，用缺少一些波长的光来照射的意思。

白色光可以考虑为从红外线到紫外线之间的各种颜色光良好地平衡与混合。白色光通过棱镜得到分解，彩色光线像彩虹那样排列表现。在生物进化过程中，这些光全部被加以利用，缺少任何一种，不可缺少的健康成分都将会减少。奥特博士还将兔笼周围用彩色玻璃围栏，再用日光通过彩色玻璃照进笼子里的兔子，结果发现兔子的视网膜的上皮色素细胞异常。这项实验证实了用不自然的光（某些波长不足的光）照射植物或动物，它们的实际健康会受到损害，对人类的影响也会产生类似问题。常用太阳镜或着色眼镜的人，即使健康没有受到什么大的损害，也可能性格受到影响。

1973年，奥特博士在人工光源光谱对人体影响方面的研究取得了重要进展。他认为，在照明不合适的场合下，有可能对人们的健康和行为带来不良的影响。他在坐有学生的教室里，设置有全光谱日光色荧光灯和普通白色荧光灯进行比较试验，结果发现，在使用普通白色荧光灯的情况下，学生有焦躁、散漫、疲劳、注意力不集中的现象，在更换使用全光谱日光色荧光灯之后，学生的学习态度和教室里的学习氛围有了很大改善。因此，奥特博士对生产荧光灯的厂家建议，在荧光灯内壁增添磷光体，使灯光更接近自然光。在他的建议下，厂家经过努力试制，终于生产出了被称为"Vitalight"（紫外线）的最初的全光谱荧光灯。现在，这种全光谱荧光灯在许多国家得到利用，据用户反映，使用后头痛减轻，眼睛不易疲劳，健康状态得到了改善（图3.14）。另外，有人怀疑荧光灯是导致皮肤癌的原因，建议不要使用全光谱光以外的荧光灯。

图3.14　国产的全光谱节能灯

继奥特博士先前的研究，其他科学家或团体也开始对动植物的健康与光的关系进行研究，并将研究向人类拓展。比如美国国家航空航天局（NASA）研究了把全光谱照明用于宇宙飞船内。

奥特博士的发现也在后人的实验中得到了印证。1980年，有人发现非全光谱的冷白色光照射被实验者的副肾皮质会刺激皮脂醇的压力荷尔蒙增加。但使用了全光谱的光照射后，这些问题基本不存在。从一些科研报告中还能了解到，全光谱的照明对于养鸡事业也大有帮助，可以使鸡禽寿命延长2倍，还可以多产蛋，而且蛋里的胆固醇量可以减少25％。

冷白色光不包含可视光谱两端的红色光和蓝紫色光，而这些光对人类的健康是不可或缺的。在使用人工全光谱的光源时值得注意的是：荧光灯管并不是一直都维持全光谱不变的，而是经过一段时间要产生退化。因此，尽可能每年更换荧光灯管，以健康为重，不要舍不得花钱。

4 生理节律・睡眠・光的关系

与其他生物同样，人类也有体内生物钟（Chronobiology，全天节律，约24小时一个周期的生物节律），控制着睡眠、清醒、褪黑激素（夜间从松果体分泌出来的荷尔蒙）分泌、体温变化等生理循环为基础的时间节奏。自1980年以来，人类的生理节律与光的关系被广为研究，其中也不乏与老年人相关的研究成果。这些研究成果在以往关心老年人健康与介护的社会背景下，受到特别的关注。

回顾我们以往的生活，改善现有的光环境真有必要吗？现代社会的光环境已经脱离了自然的明暗循环规律，白天，人们长时间处于亮度不足且平坦化的处境。据研究表明，这种处境与生理节律本身的脆弱化和平坦化紧密相连，因而带来了诸多睡眠与清醒恶化的危险事例。很多老年人也因此出现了难以言表的病痛、情绪的季节变化，睡眠出现异常等。据相关研究发现，长期失眠的人群，身体各脏腑器官都处于严重损耗的状态，衰老速度随之加快，实际上就是在透支生命。平均睡眠不足5小时的人80%会短寿，而且长期失眠更是诱发和加重内分泌失调、心脑血管疾病、焦虑症、抑郁症等近90种慢性疾病和突发性疾病的根本原因所在。

本章从人的睡眠和生理节律的观点来论述光环境的重要性，然后介绍在提高生命和生活质量中如何利用光的具体方法。

56

4.1　一天周期的睡眠

众所周知，睡眠是健康的基础。为了使身心得到休整，维持大脑的高度运转和免疫机能等，睡眠担负着重要的作用。如今，人们不仅对睡眠多长时间为最佳的"量"关注增加，对怎样得到最佳睡眠的"质"的重要性的认识也愈加重视。高质量睡眠的3要素可以用"很快睡着、睡得很熟、自然睡醒"来简单地理解和表述。

那么，睡觉前怎样做才能得到这种高质量的睡眠呢？其实仅关心这一问题还不够。睡眠与清醒是有内在关系的，要想得到良好的睡眠，良好的清醒与白天活动型的生活是非常重要的。相反，自然地清醒就有必要睡得很熟。也就是说，睡眠作为一天周期的生活要素之一，在白天一连贯的生活中，夜晚睡眠与白天清醒周期的整体良好才是重要的（图4.1）。

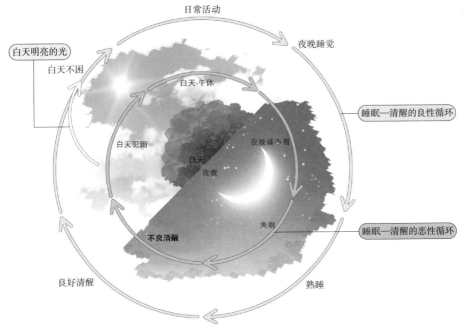

图4.1　睡眠—清醒的循环与光

57

那么，是什么控制着夜晚和白天的周期呢？我们知道，体内生物钟除了具有报告时间的作用外，还能够对体内各种机能不过分、不浪费发挥作用。动物进化级别越高，控制体内生物钟的重要性也越强。我们人类也不例外，体内生物钟控制着睡眠和清醒、荷尔蒙分泌、体温变化等各种生理的周期现象（生理节律、昼夜节律），从而维持着生命活动的秩序。可以说通过体内生物钟而被控制的生理节律系统，人体才能保持着睡眠和清醒的周期正常运作，保持着良好的睡眠质量而成为幸福生活的基础。

4.2 复位生物钟的褪黑激素

在黑暗的夜晚，人大脑中央的"松果体"制造出被称为褪黑激素的荷尔蒙（Melatonin），能调整全身机能的生物节奏、祛除引起各种疾病和老化的活性氧，作为抗酸化物质在发挥着作用。褪黑激素的基本作用是睡眠和镇静，若分泌量减少则会感到精神兴奋。它在晨光的照射下减少，从夕阳照射时开始增加，夜晚增加的幅度就会更大，大约在凌晨2—3时达到峰值。当接近黎明时褪黑激素的分泌量急剧下降，从早晨到中午这段时间维持它的最低量。

被称为皮脂醇的荷尔蒙（Cortisol）正好相反，它是压力激素，为人体提供能量，使人的注意力集中，增强免疫力。一到早晨，明亮的光线抑制了褪黑激素的分泌，觉醒使皮脂醇分泌逐渐旺盛，使人的精力充沛，投入到一天的工作和学习中去。褪黑激素和皮脂醇的交替作用控制人体的工作和睡眠周期，由此便形成了人体的昼夜生理节律。在阴沉沉的冬日或雾霾天气里，有些人觉醒的皮脂醇分泌数量不足，其结果是处于困倦和忧郁的袭扰状态。每天早晨沐浴亮光，补充不足的觉醒荷尔蒙数量，症状就会

58

得到一定缓解。

在人的一生当中，褪黑激素的分泌量有很大的变化。婴儿几乎没有褪黑激素的分泌，出生后3个月到1岁的这段期间内分泌量急剧增加，到了5~6岁时分泌量达到峰值，在接近青春期时分泌量开始下降，并随着年龄的增加分泌量逐渐下降。然而，褪黑激素的分泌量是因人而异的，另外每个人的生理感受也是有差异的。但总的来说，褪黑激素的分泌量是白天减少，夜晚增多。

老年人褪黑激素的分泌量比较少，即使分泌节律正常，白天和夜晚的差别也不大，因此褪黑激素对于老年人来说起的作用也就不大。老年人行动不便，也是造成褪黑激素的分泌量减少、生理节律紊乱的重要原因（图4.2）。

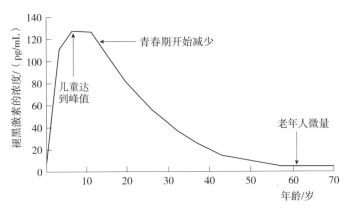

图4.2　年龄与夜间褪黑激素的浓度

59

4.3　光对生理的影响

光对生理节律和睡眠的影响方式是具有一定特征的，光对生理反应的特性与光所给予的时间，也就是体内生物钟的时刻，以及光数量是相互依存的。

首先，就生物钟时刻与生理反应来说，体温达到最低的时间带（通常在黎明时分）对光的感受性具有很高的反应程度，在其时间带的前后，体内生物钟的时刻调整方向会有所不同。也就是说，在深夜的时间带接受光，体内生物钟的时刻会后退，在早晨的时间带接受光，体内生物钟的时刻会向前移。

其次，就光数量和生理反应来说，进入眼睛的光数量超过一定水平后，不是反应很剧烈的开关变化，而是显示出所对应光数量的反应。虽然定义光数量是一件很难的事情，但根据以往学者们的研究结果，可以得出以下公式：

受光量=亮度×时间×函数（光的波长特性，配光特性）

人类与其他生物相比对光的感受性相对较差，对生理明显的作用就得需要到户外接近明亮光。可是，就近些年研究的结果表明，室内程度的亮度也会对人们的生理具有明显的影响。一般来讲，室内环境照度越高清醒度就会上升（图4.3）。受光量越高，或者照射时间越长，褪黑激素的分泌就会得到抑制（图4.4），而且与清醒度的上升是有联系的。

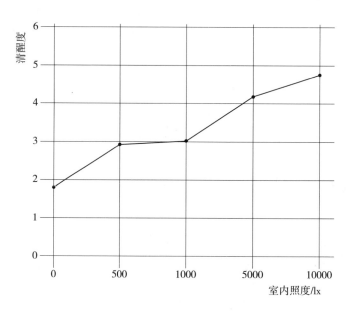

图4.3　因不同照度而清醒度的变化

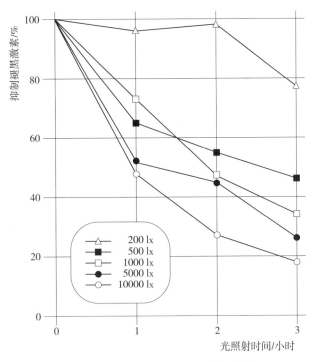

图4.4 抑制褪黑激素的照度依存性

另外，就交感神经来说，对明亮光的反应从光照射后就开始增大，到了20min后，就会达到稳定状态，完成光照射后不久，反应还会残留。

再举个例子说明一下光对老年人的生理影响。为了老年人健康的需要，日本诸多学者重新审视了光与眼睛的关系，从而得出一系列关于行走速度与寿命的关系的研究成果：只要老年人行走4m，就能大概判断出他是否健康。如果行走速度在0.8～1.0m/s以下时，死亡和发病的危险率就会上升。行走速度与寿命、疾病的发病率有着密切关系。特别是白内障患者与行走速度有着紧密的相关关系。也就是说，晶状体变浑浊后，进入眼睛的光数量减少，从而感到腿脚不便。因此，行走的状态也就发生了变化。

美国学者也对此发表了相应的观点：由于老年人白内障致使身体机能障碍，日常生活能力降低，工作半途而废，行走和运转等运动机能下降，导致骨折和摔倒等事故频发。

伴随着年龄的增长，眼睛机能不断下降，眼睛对光的接受量逐渐减少，再加上一整天闷在家里不出门，或者躲在阴暗的空间里，使本来光就不容易到达的眼睛雪上加霜，最后导致光到达不了大脑。

由于光照不足而导致身体内生物钟紊乱，与睡眠质量相关的褪黑激素（Melatonin）、控制感情的血清素（Serotonin）不能正常分泌，其结果，就是无精打采且不爱出门的不良状态。进一步说，光与精神状态也是密切相关的。本来人是在明亮的光环境下觉醒、心境明快的；在黑暗的环境下睡眠、心静，有时甚至导致心境也变得暗淡无光。解决的办法之一就是用沐浴高照度强光的光疗法。相反，在极度兴奋的状态下，遮蔽进入眼睛的光线，会使亢奋的心情得到有效的控制。

如果家庭里有精神不佳的亲人，可以劝他清晨起来行走锻炼。清晨行走锻炼优点很多：可以调整身体内的生物钟，提高睡眠质量；在运动的同时摄取自然光，对维持身体机能多有裨益；可以调整心态；视觉得到的户外信息可以刺激大脑等。行走锻炼的同时还要注意，行走步幅、速度比以前短且慢的话，也许是进入眼睛里的光亮不足的缘故。

62

4.4　老年人的睡眠变化

伴随年龄的增长，身体的各种机能都在下降，睡眠和生理节律也不例外。实际上，人从30多岁睡眠就开始逐渐变化了，即使是健康的老年人，睡眠减少和睡眠当中变为清醒等现象也是屡见不鲜。维持睡眠和清醒其本身的能力也在下降，从白天持续清醒、夜晚睡眠深沉的单相性，到反复多次睡着与清醒的多相性倾向的变化，是与昼夜的生理节律淡化而导致身体机能下降相关联的（图4.5）。从图中我们可以了解到，32岁男性和77岁男性一天的睡眠—清醒、体温、褪黑激素的变化。体温是连续7天记录中的某一天数值。褪黑激素是每隔2小时抽血测定的。与年轻人相比，老年人的体温与褪黑激素的曲线振幅要小，说明老年人的睡眠比较浅。

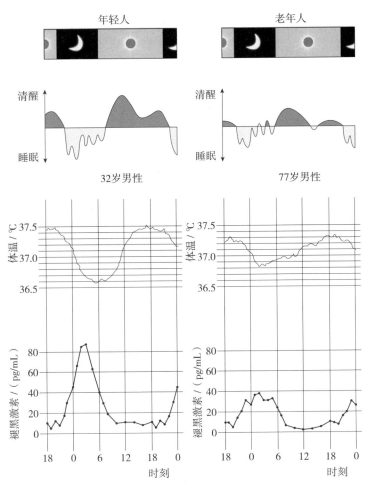

图4.5　健康年轻人与健康老年人生理节律的比较

身体机能下降，不仅带来失眠或者中途清醒等的夜间睡眠质量下降，而且还会带来白天清醒质量下降而导致的事故增加和生

63

活质量下降的问题。另外，这些机能下降，还会增加一些痴呆老人睡眠的昼夜颠倒、不规律地睡眠—清醒、夜间徘徊、狂躁等异常行动的可能性。

进而困难的是，睡眠质量的下降、昼夜节律的弱化会给个人健康带来恶劣影响。睡眠—清醒节律异常，会造成家庭和护理人员身心疲惫，在老年人设施中，也会给同室人员的睡眠和健康状态带来诸多麻烦。改善老年人的睡眠—清醒节律是一个社会课题。然而，老年人与年轻人相比，很难适用药物治疗，我们可以用各种非药物治疗的方法进行尝试。

据美国哈佛大学医学院的科学家们研究表明，已经确认了一组能够阻止有意识的思考、让人们进入梦乡的神经元细胞。随着年龄逐渐增长，这些抑制神经元会慢慢削弱，导致生命后期的睡眠问题变得更为严重。同样，老年痴呆症患者也存在相同变化过程，他们特别容易出现睡眠中断和昼夜混淆。70来岁的人每晚平均比20来岁的人少睡大约1小时。因为衰老和老年痴呆症受损的这些神经元，可能是导致老年人经常面临睡眠中断的一个重要原因。这些研究结果或许会促使新方法诞生，用来帮助缓解老年人的睡眠问题。

另外，科学家们还发现那些"睡眠开关"区拥有较少神经元的人，更容易夜不能寐。因为大脑里的这种神经元越少，睡眠就更容易变得断断续续。那些拥有抑制细胞数量极少的人，在床上处于长时间的睡眠状态还不到正常人的40%。

4.5　用高照度光改善褪黑激素分泌

人体在太阳光或强光的照射下，光的刺激从眼睛传达到大脑中的松果体，抑制褪黑激素分泌，影响体内生物钟计时。

实验表明，白天接受明亮的光照射，夜晚的褪黑激素分泌量就会增多，从而改善不良的睡眠状态。我们可以把这一实验结果应用于前面介绍的光疗法中。使用的是像太阳光那样的全光谱荧光灯，每天用2000～3000lx的照度照射1～2个小时。光疗法不仅可以治疗睡眠障碍，像月经前期综合征（PMS）、季节性忧郁等，治疗效果都比较显著。例如，德国医生进行的实验表明，对30名抑郁症患者进行1周时间的光疗法，治疗前正常分泌褪黑激素的患者是21％，治疗后增加到47％。日本也有类似的实验，30名患有睡眠障碍的老年性痴呆患者，在经过1～2周的光照射疗法后，约有50％的人病情减轻或有明显的改善。图4.6是某抑郁症患者在经过1周时间的光疗法后，褪黑激素水平的变化。治疗后褪黑激素的分泌量得到增加，分泌趋于正常。

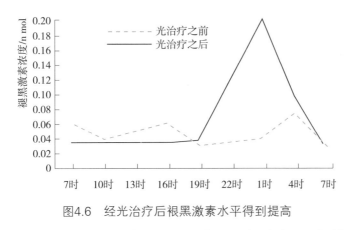

图4.6 经光治疗后褪黑激素水平得到提高

从以上实验结果我们可以得知，接受太阳光等强光照射，抑制白天分泌褪黑激素，促进夜间分泌褪黑激素是非常重要的。

另外，为了使褪黑激素分泌节律正常，除了白天有必要沐浴明亮的光之外，夜晚也有必要在黑暗的环境下睡眠。在褪黑激素分泌上升的夜晚，若受到强光的影响，人体内生物钟可能会误认为到了早晨，从而抑制了褪黑激素的分泌。因此，白天明亮的光使自律神经的功能比较活跃，身心紧张和活动的效果比较高涨，而夜晚要避免照射到必要光线以外的灯光，要尽量使照明的亮度降低。卧室的照明最好设置成可以调节亮度类型的开关。夜晚起夜时，如果整体环境明亮而使头脑清醒，不容易再次入睡，可以设置小型台灯或低位夜明灯，使整体环境调节到只有数勒克司（lx）的照度就可以。

4.6 用高照度光复位昼夜节律

白天精力十足地活动，夜晚完全放松地睡眠，这是维持基本健康生活的正确规则。在生活时间带趋于夜型化（或者24小时化）的现代社会，要想维持这种理想化的生活循环模式是不容易的。特别是老年人，由于身体对环境24小时规则性的弱化，再加上年纪的增长，生理节律和睡眠—觉醒的机能也在下降。其结果，不仅造成夜晚睡眠不规则且质量下降，还会引起白天摔倒、骨折事故的发生。

为了解决上述问题，维持复位昼夜的生理节律，强化环境的24小时规则性是行之有效的方法。睡眠质量和生理节律的特性随着各种环境因素的要因变化而变化，在物理的要因中光的影响最大，所以光环境的重要性也就不难理解。对恢复昼夜节律有益的光的作用中，光的生理节律作用和清醒作用是最基础的，其概念如图4.7所示。

照度是指光源辐射到被照面（如墙面、地面、作业台面）上的光通量的，用于衡量被照面被照射的程度，用符号E表示，单位为勒克斯（lx）。直观地讲，1lx照度大约是1.5m距离点燃1支蜡烛所发出的亮度。

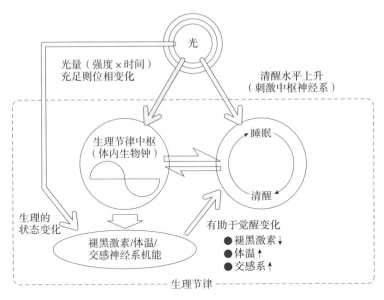

图4.7　光的生理影响概念图

　　光的生理作用的程度和方向性因亮度和光照的时间带而受到很大影响。利用光的生理作用有助于维持白天的清醒，为了提高昼夜的生理节律，一般用数千勒克斯（lx）的光照射1～2小时以上。白天（特别是上午）让眼睛接受光是非常必要的，数千勒克斯（lx）的光虽然没有白天户外那么明亮，但比起室内来说，也属于高照度水平，在医学生理学领域被称为"高照度光（Bright Light）"。

　　通过营造白天的高照度光环境来维持觉醒，从而维持复位自然昼夜节律的方法，对睡眠和生理节律机能衰退的老年人大有帮助。像前人研究的那样，通过白天高照度光的照射，即使是健康的年轻人，夜晚褪黑激素的分泌也会正常进行。上午，对痴呆老年人进行高照度光照射，对睡眠障碍以及夜晚的妄想和徘徊等异常行动会有所缓解。

　　通过营造以光的生理作用为基础的光环境的方法来关怀老年人，维持复位昼夜节律和提高睡眠质量，还应对老年人留意以下几点：

67

（1）从上午后半段到正午逐渐增加光数量。

（2）亮度标准约为窗户旁的数千勒克斯。

（3）每天尽量在同一时间带沐浴亮光。

（4）采用适合于自己生活的光照射方法。

4.7　早晨自然起床

即使是过普通生活的人也有早晨起不来的时候。据实际调查显示，早晨起床困难，或者非常困难的人大约占10%～20%，特别是青年期年龄段的人占的比例最大。在早晨或者天还没亮的时间带突然响起闹钟催促起床是件非常不舒服的事情，这种不舒服可以被认为是在不准备唤醒身体时而突然给予的睡醒刺激。因此，如果说光对睡醒能起到作用的话，那么突然的高照度光射入眼里就不是件好事。

起床时最舒适的亮光当然要像自然界黎明那样逐渐变亮。可是在现实生活中，要想做到这一点还是不太容易的。

对于健康的人来说，加上闹钟，从睡醒到起床的30分钟时间里，枕边逐渐变亮（0→1000lx），与只用闹钟的响声相比，体温的波形曲线趋于稳定，体温平均上升0.26℃。同时，也改善了主观上的睡眠感，特别是减少了起床后的睡意，提高了熟睡感。

早晨，为了逐渐增加光照，最好不要遮蔽黎明的自然光。当然，日出的时间是因季节和天气的影响而不同，并不一定非要以户外明亮的变化与生活形式相吻合。另外，因朝向不同，住宅并不一定都是朝向东方而采光的，因此，可以利用照明灯具，在每天早晨一定的时间带范围内，逐渐增光而使光环境达到稳定。例如，起床前逐渐使枕边的环境变亮，可以自然地促进从睡眠向睡醒转变（图4.8）。

图4.8 早晨的睡醒照明

起床后，清醒度迅速上升，从白天的生活行为延续到下一个夜晚的睡眠，居室内的照度要尽可能高。虽然一般家庭的房间整体获取高照度比较困难，但在化妆或用餐时，把局部照度增加到接近1000lx还是能够做到的，而且也是比较理想的。另外，色温越高，清醒度上升的效果也越明显。

4.8 夜晚室内的光环境

现在，我们人类所处的光环境究竟怎样呢？受自然光影响最大的窗边，即使是梅雨季节阴天的时候，白天的照度也超过了2000lx；晴天户外，照度会达到这个数值的10倍以上。另外，离窗户越远受自然光的影响也就越小，只能用人工照明来达到一定的照度（办公室500～750lx）。以白天室内工作的公司职员为对象，测定身旁环境照度的实例表示，平日6—24时期间，1小时的平均照度为500lx以下，而且一天中照度峰值也不太凸显。长时间处于这种平均化的照度环境下，户外活动机会又少，人们往往是白天处于较暗的环境空间，而夜晚却处于明亮的环境空间。

按生理节律的24小时规则而采取时间轴的光环境控制，可以用"Circadian（昼夜节律）"一词表示。此单词的昼夜是指大约1天的时间，约24小时为周期的生理节律，也被用于照明控制手法上。于是，创建光环境，提高生活质量等综合意图，在白天高照度光的环境下，起床前后、就寝前、睡眠中等各自时间带有相适合的光环境条件是非常重要的。适合生活时间带的室内光环境整备的必要条件见表4.1（适合生活时间带的室内光环境），这些整备的必要条件，照度以及色温的控制曲线如图4.9所示。

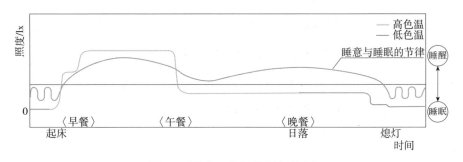

图4.9　照度、色温的时间控制

表4.1　适合生活时间带的室内光环境

生活时间带	光环境的作用	光环境力求的条件	满足条件的照明要件
起床前后	为起床而做身体上的准备；从睡眠向清醒平缓地过渡；起床后清醒度迅速上升	提高自律神经（交感神经）的机能；促进体温上升；迅速抑制褪黑激素；获得爽快的清醒感；提高生理节律的稳定性；维持起床后的清醒	从快要起床时开始逐渐提高照度，约 0 ~ 1000lx 30min 上升；若照射面积大，照度低一些也可以；起床后，包括卧室，所有居室的照度要尽可能提高；达到1000lx比较理想；色温5000K以上

生活 时间带	光环境的作用	光环境力求的条件	满足条件的照明要件
就寝前夜间活动时	在柔和的灯光下放松身心； 降低必要以上的清醒度	没有极端地抑制褪黑激素的担心； 放松心理，营造就寝准备所喜好的环境氛围； 消除一般视觉作业的障碍	房间整体照度：100～200lx，手头作业利用台灯； 低色温约3000K； 暖色荧光灯或白炽灯。 抑制亮度：让灯光充分扩散； 避免光源外露，利用间接照明
快要就寝	平静的昏暗下降低清醒度； 准备就寝	进一步降低清醒度； 没有抑制褪黑激素和体温上升的顾虑； 进一步放松身心； 不做精细视觉作业	房间整体照度：10～30lx； 色温更低：3000K以下比较理想； 进一步抑制亮度； 用局部照明组合制造阴影。 用遥控器调光
睡眠中	确保稳定的睡眠； 中途醒来后，再次平稳地入睡	避免抑制褪黑激素和体温上升； 消除黑暗引起的不安感； 确保深夜视认性的同时，避免不经意地上升清醒度	卧室里脸庞附近照度：微亮～1lx； 利用脚下灯，视野内没有光源； 地面照度：1～5lx； 推荐使用带传感的灯具电源开关； 必须遮蔽户外的散溢光

5 老年住宅照明设计过程

　　住宅照明很多情况下都是从选择灯具开始的。从房屋装修公司那里了解到，有的家庭最快1～2小时就能确定灯具和配光。如果是经验丰富的设计师，对住宅相关的建筑设计和室内情况非常了解的话，在比较短的时间内就能确定照明方案。可是，对照明要求比较高的业主和特别要表现照明效果的家庭，寻求照明厂商对其进行设计是必不可少的。如果照明厂商的设计师根据建筑图纸，对本公司的灯具特性非常了解的话，可以在比较短的时间内高效率地完成设计。然而，如果设计师经验不足，或者是在没有进行深入的调查现场空间而获取必要信息的情况下就着手进行设计，就会出现很多问题而引起业主不满。

　　现在，有专门从事照明规划和设计的公司，另外，照明厂商里也有专业的设计部门，也有针对性比较强的某种空间的照明设计部门。表5.1是设计过程的一个例子。照明在进行电气配线时就要依据建筑的基本构想，在基本设计阶段就要及早地参与进来。这时，业主和设计师必须把握好机会，针对住宅空间谋求良好的照明表现效果。

表5.1 住宅照明设计基本过程

基本规划	基本设计	实施设计	施工监理
阶段1	阶段2	阶段3	阶段4
●确认设计条件 ·有关业主的信息，例如年龄、对光的喜好等； ·有关建筑、室内的信息； ·照明预算； ·设计范围和期限	●汇报照明方案1（完成设计方案的PPT文件和展板） ·照明创意； ·照度计算； ·选择照明灯具和布灯； ·划分灯具控制回路； ·照明经济计算 ●汇报照明方案2 ·用计算机绘图或制作的模型来模拟照明效果	●灯具实施设计 ·选用定制的灯具和建筑化照明的场合 ●实施布灯 ·确定照明方式； ·确定布灯位置、灯具控制回路； ·确定照明灯具	·确定照明方式； ·确定灯具位置、灯具控制回路； ·确定照明灯具
			阶段5
			·照明测定（照度、亮度、色温）； ·拍摄照片； ·检验照明效果； ·对比图纸资料

5.1 照明设计前的准备

在进行照明设计之前，首先应尽可能多地获取建筑设计与在其中生活者的相关信息。为了使设计更加合理、更能达到预想的设计效果，有必要参考相关的建筑图纸，至少要有平面图、家具配置图、效果图、室内装修设计书等必要的资料。其次，还要与业主的家人沟通，了解他们的年龄、兴趣、生活习惯、对光有何嗜好等。特别是家有老年人的照明设计往往与没有老年人的设计大不相同。

一般的照明灯具安装后能使用10年左右，长的能达到15～20年。因此，在选用照明灯具时，不仅要考虑现在没有视力障碍的中年人的正常需要，还要考虑随着年纪的增长，眼睛功能退化时，照明灯具仍然可以提高照度。照明设计师在设计照明时要抑制自身的感性，尽可能地站在使用者的角度考虑问题。

73

5.2 基本设计——视觉设计

在有老年人的家庭里，因照明设计不当而引发的事故时有发生，例如：

（1）由于照明灯具安装位置比较高，在清洁维护时从梯子上踩空而摔落下来致伤。

（2）不能很快地适应暗环境，明暗对比强烈而导致踩空台阶而摔倒。

（3）因眩光和阴影导致视力下降和心理不安。

（4）因室内装修材料和家具表面产生的间接眩光而造成视觉混乱。

基于以上情况，在有老年人的住宅里，特别需要力求安全的照明设计，这是最优先考虑的基本设计。

说到照明规划，总要关心到照明灯具的设计。这一点虽然确实很重要，但从照明灯具放射出来的光如何营造空间、如何对使用者带来视觉生理和心理的影响更加重要。这里不仅要考虑人工光，而且还需要考虑自然光的因素。特别是自然光，对于人体是不可或缺的，具有丰富的、有益的光维生素。白天，对于不能充分沐浴自然光的老年人来说，窗边的生活不仅带来明亮，还能带来适量的充满可见光谱的自然光，这对老年人的健康来说具有非常重要的意义。从窗户大小、位置、玻璃种类、与家具的关系等因素中，弄清自然光能有效地照射到房间里什么位置，这些都是我们在照明规划阶段所要考虑的问题。比如说，老年人最多的生活视点是从窗户尽可能多地看到外面的自然景色（图5.1）。如果外面篱笆和庭院等的反射率较高的话，就可使室内射进更多的反射光线。但是，对由此而带来的

图5.1 观景效果良好且大量自然光射入的老人住房

（万福年华养老服务有限公司养护院）

不舒适眩光要引起足够的注意。另外，即使是白天也得不到自然光惠顾的阴暗死角，以及自然光照射过度而引起的强烈明暗对比，应该用人工照明加以调节（图5.2）。

图5.2 用人工照明平衡老人食堂深处的暗处

光是三维的媒介。因此，仅仅只是在平面图和家具配置图中表现照明灯具的配灯位置和灯具照片，想向业主表达照明效果是件比较困难的事情，但现实还是不得不用此种方法。也有用模型和计算机3D效果图来确认光的三维效果的方法。但是，这种方法制作时间较长，在通常住宅设计中不太被采用。在利用照明模型确认照明设计效果时，建议采用1/15～1/25的比例（图5.3）。当然，模型里的家具和照明灯具也要按此比例制作。模型里的照明灯具使用的光源可以选用LED，效果也比较理想。再考虑室内装饰颜色和做工的话，空间的氛围也就大致清晰。其他照明灯具的大小、安装高度合适与否也可以基本确认。

图5.3　1比15比例的起居室模型
（设计：日本中岛龙兴照明设计研究所）

　　如今，计算机3D绘图作为照明的模拟方法已达到较高的表现水平。在计算机显示器上，通过3D绘图软件，可以改变不同的视点来观察空间的照明效果。现在，计算机的硬件性能逐渐提高，价格也比较优惠，只要有与硬件相兼容且操作便捷的软件，这种用计算机来表现照明效果的方法会更加普及（图5.4、图5.5）。

图5.4　用计算机绘制起居室的3D效果图例

（设计：日本中岛龙兴照明设计研究所）

图5.5　通过计算机3D绘图了解照度的分布状况

（设计：魏铭哲）

77

　　用模型和计算机3D绘图来模拟照明效果、对已知平面图中布置灯具和光的构图方法（图5.6），虽然很难知道具体的照明表现，但对于稍有照明设计经验的人来说，也基本能知道照明的效果。

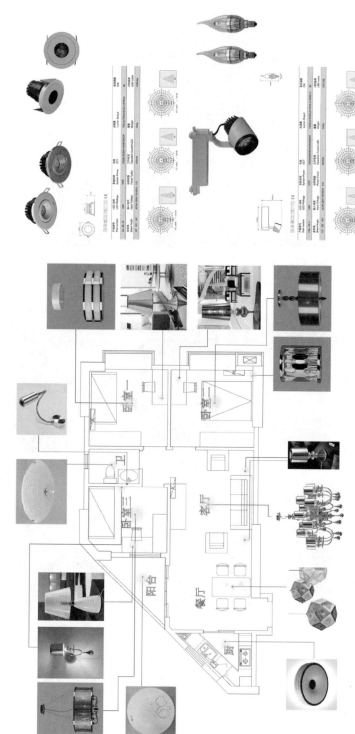

B2-08户型配灯

图5.6 灯具布置及灯光示意图

（设计：魏铭哲）

5.3 基本设计——数量设计

数量设计是利用照度、亮度、显色性、色温等物理单位的数字来预测照明效果的设计方法。其中的照度计算对于以老年人为对象的生活空间尤为重要。照度计算包括房间内的整体照度和作业面等的局部照度：①整体照度可以用筒灯等间隔配置，也可以用大型吸顶灯设置在顶棚中央得以实现；房间内整体亮度基本相等，用流明系数法可以计算出房间内的平均照度（图5.7）。②局部照度可以用射灯或台灯等灯具，用逐点计算法可以计算出房间内的局部照度（图5.8）。

图5.7 整体照明

图5.8　局部照明

在计算住宅整体照明的平均照度时，用于约14m²以上为对象的宽敞空间比较合适。用流明系数法计算出的照度值可以从筒灯厂家所提供的产品介绍中得到。因此，在选用筒灯灯具进行设计时，有必要事先获取产品说明书。房间内的平均照度较高的情况，多是来自于灯具直接照射到地面的灯光，再加上顶棚、墙面材质的反射率比较高，于是房间内就会显得非常敞亮。另外，有的产品介绍中有用流明系数法计算平均照度的方法，我们可以把它作为参考。

局部照度可以从简易照度表中求得，使用起来非常方便。射灯或者筒灯灯具的照度在产品介绍中较为常见。例如图5.9所示，灯具垂直向下3m的水平面照度A是330lx。从此点水平离开1m的水平面照度B是140lx。如果再有台灯或吊灯的数据那就更好了。如果想要知道经常使用的灯具的照度，可以用数位式照度计直接测定数据。

照度值可以对照图5.10来判断是否合适。图中的基准照度分为整体和局部两部分，可以根据各自对应的空间数值参考比较。

图中的基准照度是指空间照度的一定范围，在有老年人生活的空间里，为了给视力带来更大的方便，一般都采用上限值。

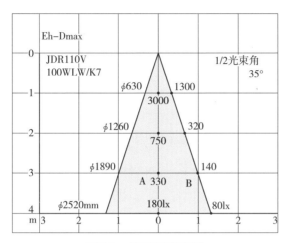

图5.9 简易照度表例

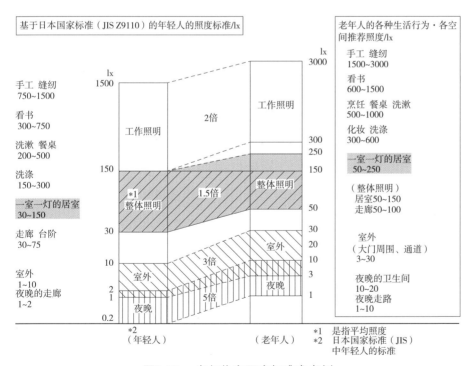

图5.10 老年住宅照度标准参考例

81

由于老年人视觉明暗适应能力显著下降，局部照度和整体照度的比例应尽可能小，最多10：1，最好控制在3：1以内。相邻房间也是如此，比如相对于明亮的起居室而言，如果旁边的过道光线过于暗的话，在走进过道的瞬间，就会一下子分辨不清过道空间内的情形，这一点在设计时要引起足够的注意。

　　照度的重要还在于老年人在视觉作业中，应该有怎样的亮度才能减少眼睛的疲劳。关于这一点，我们可以通过一个小实验得出相应的结论。实验方法是15位老年人阅读报纸，在改变照明方式和照度的过程中，了解老年人对光的感受，从中得出结论：在允许戴眼镜短时间阅读的情况下，即使照度值不是太高，在短时间内也能清晰地看清报纸上的文字；在低照度的情况下，即使长时间阅读，视力再好的老年人也感到视觉负担大大增加。

　　亮度关系到光刺眼的评价。一般我们能看到的发光面，亮度越高眩光感越强。这其中也有光色的影响。关于这一点也做过一个实验。首先，用日光色（RR，6500K）和白炽白色（RD，2700K）同样亮度的荧光灯进行"哪一个感到刺眼"的比较，在30名平均年龄在25岁左右年轻女子中进行调查，其结果是所有人都回答日光色的荧光灯感到刺眼。可是15名老年人中有1/3的老年人却认为白炽白色的荧光灯刺眼，这与我们所想象的情况有些出入。

　　再做用乳白色球形灯具控制亮度来确认眩光感的实验，实验对象是15名健康的老年人，得出的结果却出乎我们的意料，与年轻人感受几乎一样，并不感到刺眼的眩光。当然，这些短时间的简单实验结果还不能断言老年人对眩光的强烈敏感。

　　以上实验至少说明有关老年人生活的房间里的照度，即使是短时间的视觉作业，也应该引起我们的重视。老年人对于亮度，如果是长时间处于同样场合的情况下，特别是正常视线容易看到的吊灯、壁灯和台灯，亮度应选择在2000cd/m²以下（尽可能在1000cd/m²以下）（图5.11）。对于那些有视觉障碍者居住的空间，应该以各种研究数据为依据进行照明设计。

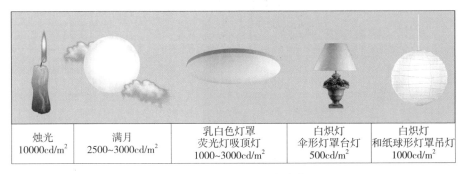

| 烛光
10000cd/m² | 满月
2500~3000cd/m² | 乳白色灯罩
荧光灯吸顶灯
1000~3000cd/m² | 白炽灯
伞形灯罩台灯
500cd/m² | 白炽灯
和纸球形灯罩吊灯
1000cd/m² |

图5.11 部分光源的亮度参考图

5.4 基本设计——选配照明灯具和划分回路

选用配置照明灯具是照明设计过程中最重要的一环。当然，往往出于经济的考虑和预算的制约等原因，设计师的手脚受到束缚。一般情况下，一户别墅住宅的建筑装修费用中，照明灯具费约占1.5%～3%。要想选定设计优秀的照明器具、营造令人心情愉悦的照明效果，这些费用显得少了一些。照明灯具要尽可能选用那些比较容易维护保养的类型，尽管这类灯具外观往往并不算是好的设计。比较容易维护保养的照明灯具主要是指那些结构简单、更换灯泡（管）比较方便的，例如不使用改锥等工具也能轻便更换灯泡（管）的照明灯具，而且尽可能选用使用寿命长的灯泡（管）（表5.2）。

当设计无要求时，室外墙上安装的灯具，灯具底部距地面的高度不应小于2.5m。带有自动通、断电源控制装置的照明灯具，动作应准确、可靠。在使用吊灯时，如果带有升降器，升降软线展开后灯具下沿应高于工作台面0.3m。另外，质量大于0.5kg的软

83

线吊灯，还应增设吊链（绳）。在使用导轨灯时，安装前应核对灯具功率和载荷是否与导轨额定载流量和载荷相适配。

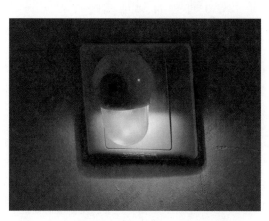

图5.12 LED智能光控夜明灯（欧普照明）

另外，老年人居室夜间通向卫生间的走道，在其临墙离地高0.4m处宜设夜明灯照明，以便增加夜间行走的安全感（图5.12）。

表5.2 主要光源的特性对比

对比项目	普通白炽灯	节能灯	LED光源
功率	25W	5W	5W
寿命	1000小时	8000小时	25000小时
环保性能	对环境污染小	存在环境污染的隐患	环保无污染（符合ROHS指令）
光效	10~15lm/W	68~75lm/W	70~90lm/W
耐震性能	差（易碎）	差（易碎）	好（无灯丝与玻璃）
频闪	无（交流驱动）	有（交流驱动）	无（直流驱动）
发热量	大	中	小
眩光	强	弱	弱
启动速度	快	慢	快
色温	单一（只有暖白色）	丰富（纯白、暖白）	丰富（纯白，暖白、彩色变幻）
显色性	最好（Ra=100）	好（Ra≥80）	好（Ra≥80）
节电率	低	高（低功耗）	高

注 雷士照明，2015年。

　　划分开灯、关灯照明回路系统对于照明效果和维护保养具有一定的影响，在照明规划阶段就要慎重考虑。例如，需要分别点灯的灯具如果与一个回路相连接，所需要的照明效果是达不到的。另外，电源开关和插座的种类和位置也要经过严格的选择和设计。在老年人居住的房间里，电源开关、遥控器，以及具有传感功能的照明设备，不仅要选用那些性能质量良好的产品，更要在设计阶段就和业主商谈决定哪些设备对老年人更有利（图5.13、图5.14）。

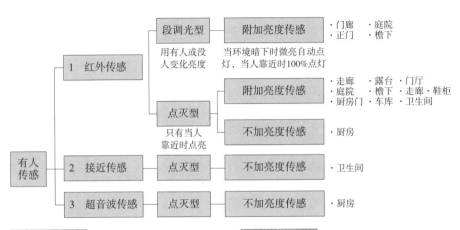

红外传感
当人等靠近或离开时，能感知其体温而使灯光自动点亮或熄灭。大部分附有传感器的照明灯具都属于这一种

亮度传感
白天等环境明亮时即使靠近也不点灯，只有环境黑暗时才点灯，灯具内附加有传感装置，多与红外传感结合使用

接近传感
人或物在接近一定距离时，用其光的反射感知距离而使灯具自动点亮或熄灭。像有的卫生间内镜前灯就属于这一类

超音波传感
人或物在接近一定距离时，用其声音的反射感知距离而使灯具自动点亮或熄灭。像有的厨房内操作台上的灯具就属于这一类

图5.13　住宅灯光传感例

85

图5.14　调光遥控开关

　　老年人主要活动区域应采用一灯多控或多灯一控的方式，但不要太复杂，避免老年人由于行走不便和记忆力下降而不能很好地控制灯光的强弱。电源开关应选用宽板防漏电式按键开关，高度离地宜为1.1 ~ 1.2m，开关边缘距门框（套）的距离宜为0.15 ~ 0.2m，以兼顾站立老人和轮椅老人的需求（图5.15、图5.16）。

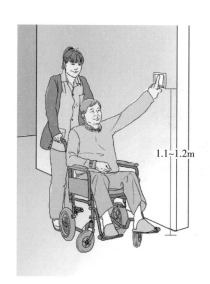

图5.15　适合老年人高度的电源开关　　图5.16　宽板防漏电式电源按键开关

老年住宅内插座的设置数量可参照表5.3。老年人专用生活场所电源插座底边距地面高度宜为0.7～0.8m。暗装的插座面板紧贴墙面或装饰面，四周无缝隙，安装牢固，表面光滑整洁、无碎裂、划伤，装饰帽（板）齐全。像起居室、卧室那样的空间，应设多用安全电源插座，每室宜设两组；厨房、卫生间宜各设三组，插孔离地高度宜为0.80～1.00m。另外，住宅电源插座底边距地面高度低于1.8m时，必须选用安全型插座。

目前，照明灯具电源开关和插座产品越来越容易使老年人看清和使用，适当地采用会给老年人的生活带来方便和安全。例如，易拔插座就是基于一般插座拔取困难而做的改善。原理是改变现有插座标准和铜片强度，通过力学原理，以达到易拔的目的。同时，设计美观易用，在每个插套上配合识别图表，有效地避免了误拔其他插座（图5.17）。还有"进－退"插座，使插头具有"退出"功能。借由左右两侧的按钮将插座以推的方式退出插座，以"推"代替"拉"，使用起来更加轻松便利，给手指用力困难的老年人带来方便。此"进－退"方式的插座2010年荣获中国台湾通用设计奖（图5.18）。

表5.3　住宅套内电源插座的设置数量

空　　间	设置数量和内容
卧室	1个单相3线和1个单相2线的插座2组
兼起居的卧室	1个单相3线和1个单相2线的插座3组
起居室（厅）	1个单相3线和1个单相2线的插座3组
厨房	防溅水型1个单相3线和1个单相2线的插座2组
卫生间	防溅水型1个单相3线和1个单相2线的插座1组
布置洗衣机、冰箱、排油烟机、排风机及预留家用空调器处	专用单相3线插座各1个

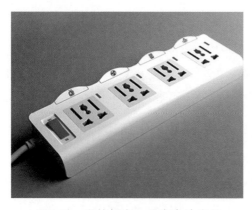

图5.17　易拔插座（北京多达产品
设计公司设计）

图5.18　"进–退"插座

5.5　基本设计——绘出布灯方案和电气安装工程图

住宅的布灯走线要遵循三大原则：一是选用粗细合适的铜线，以确保使用寿命和避免事故发生；二是走线合理、不浪费导线；三是选用安全可靠的开关、插座等电气部件，防止漏电、烧毁和伤人。

在布灯方案图（居室平面布置图）中，要把各种不同类型灯具的位置、导线敷设方式（明或暗装）、导线型号与股数、开关种类与位置、插座位置、光源种类、光源规则与数量、光源安装高度、电扇位置、光源从户外或地下室引入的线路、配电箱的位置等，用各专用的符号、线型与数字表示清楚。

电气工程图分照明用电路、动力配电线路、消防用电线路和广播电话线路四类。简单的房间只画出上述一种或两种电气安装工程图即可。一般住宅只画出照明用电路图（即上一段文字说明的内容）就行了。

当然，对于公共性建筑，像宾馆、公寓、商场、影院和博物馆等，还应将火警报警、应急照明设施平面布置图单独画出来：

画出疏散指示灯、壁灯、烟感器、温感器、喷淋器的分布情况，画出广播喇叭、带电话插孔的按钮、配电箱位置。其中，烟感器、温感器、喷淋器不能和照明灯具互相干扰，照明灯具的布局要服从报警与消防装置的布局，以确保火警报警与消防装置正常工作。

在布灯方案电气工程图中，文字、数字与符号的标注十分重要。因此，照明设计师与施工安装工人技师必须熟知电气工程通用与专用的符号及含义，这样才能确保设计合理、施工正确、效果令人满意（图5.19）。

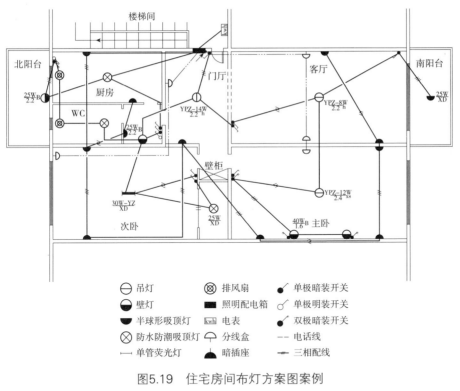

图5.19 住宅房间布灯方案图案例

（绘制：林福厚）

普通关心照明的读者，若对照明设计与施工感兴趣，可以找来电器照明设计手册和其他相关资料，进一步学习提高。

89

5.6 实施设计

基本设计完成之后，就可以开始进行实施设计。基本设计由于只是根据选用的灯具、导线和电器部件来进行，所以实施起来相对没有那么复杂。然而，伴随着建筑和室内设计的变更，照明预算可能削减，以前的设计也可能需要调整。特别是建筑化照明方式的引入（常见的有：槽灯照明、灯檐照明、平衡照明、发光天棚，图5.20），需要绘制详细图纸和进行简单的照明效果实验。建筑化照明方式的结果必然会受到室内装饰材料和该材料色彩的很大影响。在基本设计阶段没有确认这一情况时，建筑化照明效果的实验是不可或缺的。老年人对光的体验需要事先进行特别求证。

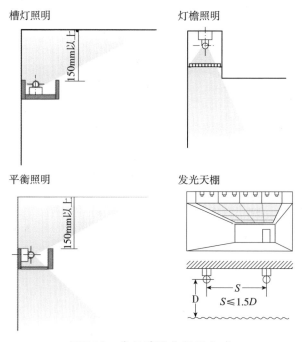

图5.20 常见建筑化照明方式

5.7　管理——调光

最后，在现场确认照明器具是否按照设计要求安装。照明器具因安装位置不正确而导致光线照射不到所需要的位置，就要调整安装位置、高度和照射角度，将光照效果调整到规划时的要求，这项作业就是所谓的调光。调光要尽可能在可以检验照明效果的夜间进行（图5.21、图5.22）。照明设计师尤其是年轻设计师一定不能忽略这项工作。

图5.21　经调光后的起居室照明，充满温馨、祥和的气息

（摄影：日本小泉产业公司）

图5.22　经调光后恰到好处的走道照明

（摄影：魏铭哲）

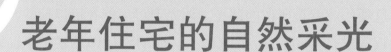

6 老年住宅的自然采光

　　老年人视力减退，睡眠时间减少，对时光极其珍惜，往往偏爱明亮的房间。因此，居住建筑的主要用房应充分利用自然采光，特别是老年人起居室、卧室必须光线充足，朝向和通风良好，并适宜选择有两个采光方向的位置，这样才能更有益于老年人的身心健康，给老年人更多的光明与未来。

　　我们知道，自然光（昼光）照明，即使是晴天背阴的地方，照度也高达10000～40000lx，这个照度所达到的亮度是人工照明不能相比的。由于自然光是连续的可见光波长的光线，所以被照物体的颜色能够得到真实的显现，可以说自然光是老年人最乐于享用的照明光源。

　　为了使老年人得到充足的日照，更多地接近自然光，从而提高健康水平和生活品质，我们可以从老年住宅的设计或选择上入手。在这一章，我们从住宅的朝向、窗户、窗帘等方面探讨如何满足老年人对自然采光的要求，并以门厅、起居室、餐厅、卧室、厨房、卫生间、阳台等不同功能的房间或区域为例，提出设计建议，从而使老年人享受生活的美好，快乐度过每一天。

6.1　老年住宅自然采光的要求

6.1.1　南向为主保证日照充足

老年住宅楼栋适宜选择日照充足的地段。应保证主要居室有良好的朝向，冬至日满窗日照不宜小于2小时。

老年人白天居家生活时间长，这对于阳光的要求就比较高。在住宅区规划中，宜将老年住宅布置在日照条件好的区位，选择有南向开窗的套型。

老年住宅楼栋套型最好以南向为主。中国老年人对于住宅朝向非常重视，户内主要生活空间能否直接获得日照是住宅品质好坏的重要指标。在中国各主要城市中，南向被普遍认定为最佳朝向，其余依次为东南向、西南向、东向、西向。

老年住宅的卧室、起居室要争取好朝向。中国老年人居住意愿的调研结果显示：住宅各室相比，卧室是被老年人首选为应该朝阳的空间，其余依次为起居室、次卧室（或书房）、餐厅等。总的来说，卧室和起居室是老年人在家中使用频率最高、时间最长的居住空间，也是老年住宅中面积最大的两个空间，如果卧室和起居室朝阳布置，就可以保证老年人在日常生活中尽可能多地获得日照。因此，当住宅朝阳面宽只能布置一个房间时，宜设置主卧；当住宅朝阳面宽可以布置两个房间时，宜将主卧和起居室并设；当住宅朝阳面宽可以布置三个房间时，可以增加次卧室或书房。老年人住宅朝阳房间适宜配置如表6.1所示。

老年住宅的东西向要做遮阳处理。在老年人住宅朝向优化的同时，防晒、遮阳处理同样不可忽视，中国大部分地区住宅西向房间会受到西晒的影响，夏季室内很热。因此，对于老年住宅

93

西向房间和部分东向房间应该采取有效的遮阳手段，如：加遮阳板、遮阳罩或挂遮阳百叶和窗帘等，在争取健康日照的同时，避免夏季室内温度过高。

表6.1　老年住宅朝阳房间适宜配置表

朝阳房间数目	房间优先顺序
一间朝阳	老年卧室
二间朝阳	老年卧室、起居室
三间朝阳	老年卧室、起居室、次卧室（或者书房）
三间以上朝阳	在上述功能外还可增加餐厅或健身房等

6.1.2　合理选用住宅窗

窗户的良好采光，对老年住宅空间的质量起着重要的作用。老年人一般待在家里的时间比较长，沐浴户外阳光的机会相对较少，合理地选用窗户的类型，改善室内空间的自然采光和通风条件，对于老年人的身心健康具有积极的意义。

老年住宅的主要用房应充分利用自然采光，而良好的自然采光就需要有合适的窗户类型。目前，住宅中窗户类型多种多样。在老年住宅中，窗户类型合适与否，关系到老年人生活的方便与安全。对于下列较常用的窗户，在设计及选择上应注意以下要点（表6.2）。

表6.2　老年住宅常用窗户的特性比较

窗户的主要类型	窗户图例	主要适用范围	特点及注意事项
平开窗		卧室、餐厅、厨房等各类空间	注意窗地比，窗开启扇的位置和窗洞高度

窗户的主要类型	窗户图例	主要适用范围	特点及注意事项
凸窗		不带阳台的卧室、起居室	有扩大室内空间的效果； 窗台可以置物； 可引入多方向的光线； 需妥善处理凸窗的保温与结露问题； 需考虑挂设窗帘的问题
落地窗		阳台、起居室	采光、视野良好； 落地凸窗计入建筑面积； 当楼层较高时，老人可能有恐高感； 窗下部玻璃应为防撞玻璃或加护栏
转角窗		卧室、起居室	为房间引入多方向光线； 转角落地凸窗可在房间中扩展为一处独立的活动区； 窗洞口较大时对结构有较高要求

我国地域广阔，东西南北地域气候差异较大，不同地域对日照的需求及利用方式也不尽相同，应因地制宜、灵活地利用建筑开窗朝向，对室内采光进行调节。比如说，一些日照强度高的炎热地区，需尽量避免西向开窗，以免西晒加重室内的酷热；冬季寒冷的地区，则可利用西窗增加下午时段室内的进光量，提高室温，改善室内舒适度。

窗户的朝向对室内采光有很大影响。在老年人白天活动较多的房间，如起居室、卧室等，应尽量争取南向、东南向开窗，以充分利用日照条件，使老年人在室内活动时也能沐浴到充足的阳光。

一些楼栋端头的户型可能设有东、西向窗，早晨或傍晚的日光入射角较小，容易经由东、西向窗直射人眼。应注意避免东、西向窗直对户门的设计，以免斜射的强烈光线造成老年人入户瞬间的眩光与不适。

在住宅楼两端的单元户型中，一些房间会有两道外墙，例如起居室或主卧室等大空间。此时，可适当加设与主采光窗不同方位的小窗，既可提高室内深处的采光，又可改善房间通风条件（图6.1）。

图6.1 加设侧窗改善室内采光环境

对于进深较大的房间，可通过纵向提升窗户上沿高度的方法，增加房间进光深度，从而改善室内的采光质量（图6.2）。

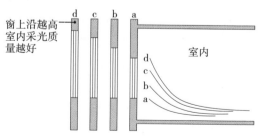

图6.2 不同窗上沿高度的采光质量比较

对老年住宅中窗户洞口的要求，总体上来说就是使老年人视线通畅、视野开阔。要想保证这一点，老年人主要用房的采光窗洞口面积与该房间地面积之比，不宜小于表6.3的规定。

表6.3 老年人主要用房窗地面积比

房间名称	窗地面积之比
活动室	1∶4
起居室、卧室、餐厅	1∶6
厨房	1∶7
卫生间、沐浴间、老年专用浴室	1∶10

在进行老年住宅户型设计时，要使室内门窗的洞口对位，使老年人在室内比较深的地方，视线也能穿过房间门、窗洞口看向室外，既可增强老年人心理上与室外环境的联系，又有利于保证老年人的心理健康，尤其是对于不能经常到室外活动的老人有着积极的意义（图6.3）。

97

图6.3 门窗开启位置使室内空间保持视线畅通

在一些不带阳台的卧室、起居室中，常常设置凸窗，并朝向景观和人们活动的区域。这是因为老年人行动不便而失去许多获得外部信息的条件，若能做到将凸窗的位置对着室外活动场地等较为热闹的地点，如儿童活动场地、小区出入口、中心绿地等，会便于老人观察外面人的活动，使窗户真正成为老年人了解外界的一个"窗口"，满足老人的心理诉求。

凸窗窗台高度不宜过高或过低，50～60cm较为合适，既便于老年人坐姿欣赏室外景观，也不会对开关窗扇造成阻碍（图6.4）。高于90cm的窗台不利于使用轮椅的老年人看到户外的活动场景。而再低一些的窗台如40～45cm也不适宜。老人探身开关窗时，窗台正好卡在膝关节处，起不到支撑身体的作用，也容易导致老人跌跪于窗台上。

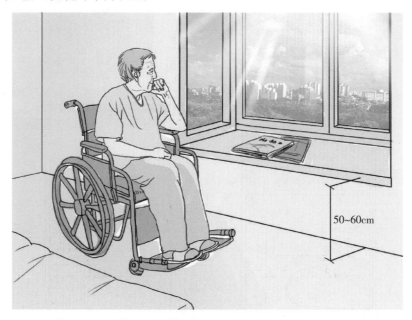

50~60cm

图6.4　老年人从室内欣赏户外景观

6.1.3　窗帘调控自然光

为了控制射入住宅内的自然光（由户外射入的控制），以及保护住宅内隐私（由室内映出的控制），有必要在住宅窗户上设置能够遮蔽或调节室内光线的窗帘、百叶窗等。

1.窗帘的作用与选择

（1）合理控光。老年人对窗帘功能的要求与其他年龄段人员略有不同。首先老年人对私密、美观的要求相对减弱，而对实用的要求增强；其次老年人的身体调节功能衰退，对窗帘的使用要求更强调其对身体机能的补充。

密实的窗帘在炎热季节的遮阳隔热效果十分突出。在北京地区调研中得知，夏季在南向阳台与起居室之间的门洞口处，采用密实的窗帘遮阳，可使室内空间的温度比阳台降低5℃左右。而半透光的纱帘则可用于对射入室内的光线强度进行调节。例如，老年人读书看报时对强光容易感到刺眼、眩晕；而室内光照亮度过低时，又会影响老年人视物判断的准确性。采用透光性较好的纱帘，可以使室内得到柔和的光线，又能保证一定的照度，满足老年人对采光的需求。

（2）表示季节。在不同季节，室内环境对通风和采光的要求有所不同。可随季节变化更换窗帘，以便利用窗帘对风和光进行适当调节。也可以选择色调浅亮而又质地密实的面料，利用一幅窗帘可满足四季的不同要求。浅色调的窗帘有利于反射阳光，在人的心理上产生清爽的感觉，适用于夏季遮阳隔热，密实的质地则可以满足冬季挡风御寒的要求。

（3）正确选用。在有些情况下，窗帘的质地、色彩、图案会引起老年人的视错觉。一些织纹细密且半透光的纱帘，由于光的衍射现象，会产生晃眼的条纹或光环状衍射图像，容易使老年人产生眩晕感。色彩过于鲜艳耀眼的窗帘，容易使患有高血压等疾病的老年人感到不适。有些带有细小点状图案的窗帘，容易被老年人误认为上面有蝇虫或污渍等。因此，在选用窗帘面料时应

99

对上述情况予以考虑。

（4）开闭便捷。在日常使用中，老年人更多关注的是窗帘开闭操作是否简便省力。窗帘材质不要过于厚重，幅面不应过大，以免老年人拉动窗帘时费力。窗帘滑轨或窗帘杆应顺滑，其材质选择应保证在拉动窗帘时不会发出过大的声音。如有条件，大幅的窗帘宜设置电动或机械式窗帘开合装置。

总之，利用窗帘控制自然光不仅可以调光和遮光，而且作为居室生活色彩的装饰性、卧室睡眠的遮光性和隔音性的协调，对各房间的功能吻合都是不可欠缺的。特别是对于老年人居室里的设备能够带来如下好处：①容易操作；②容易维护；③安全性高；④生活愉快。

2.窗帘主要类型及使用特点

（1）布帘 + 纱帘（Drape Curtain+Lace Curtain，图6.5）。

图6.5　布帘加纱帘实例

1）为了保证清晨和傍晚顺畅地开启和关闭，脚下要确保必要的空间。

2）用手开关时，太厚的窗帘比较重，操作起来不太便捷。

3）纱帘要避免使用具有刺眼感的纯白色，要选用可以射入柔和光的种类。

4）选用的导轨在窗帘开启和关闭时要没有噪声，滚轮要选用耐磨损的优质类型。

5）对于以静音和遮光为目的的厚重窗帘来说，使用电动导轨会更加便利。

6）窗帘导轨的金属附件数量比较多，要认真地加以固定。

（2）罗马帘和气球帘（Roman Shade and Balloon Shade，图6.6、图6.7）。

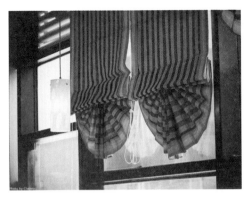

图6.6　罗马帘实例

图6.7　气球帘实例

1）是窗帘装饰中常见的两种款式，效果华丽、漂亮，为窗户增添了高雅古朴之美，提高了老年人的生活品质。

2）窗帘折裥少的朴素设计，外观简洁且操作简单。

3）一幅帘的宽度在90cm以内，并配有升降装置。

（3）卷式遮光帘（Roll Blind，图6.8）。

1）可以单手简单操作，卷叠成较细的体积，对于重视功能性的厨房等空间来说比较适合。

2）遮挡的部分可取下更换，建议使用可拆洗类型的。

（4）百叶窗（Venetian Blind，图6.9）。

1）由于具有良好的遮光性和调光性，所以适用于调节自然光的窗户。

2）只要窗框内的尺寸确定好，就能容易地与折裥窗帘相组合，并且给人以亲切柔和的印象。

3）升降、叶片回转用的拉线，只需通过一根转动调节棒就可以简单地操作。

图6.8 卷式遮光窗帘实例

图6.9 百叶窗实例

6.2　部分房间的自然采光

6.2.1　门厅——侧向柔和自然光

如有条件，门厅应尽量争取适宜的自然采光，便于老年人进出门时能够看清环境，确保行动的安全方便。门厅以侧向柔和的自然采光最佳，不宜在一进门的正对面设置采光窗（尤其是东、西方向的窗），避免入射角很低的光线直接射入人眼，造成刺眼眩晕。

老年住宅的门厅应采用开敞式的，这样做可以使门厅与起居室等公共空间保持通畅的视线联系，可以随时了解户门是否关好、是否有人从门外进来、家人进门时可以互相打招呼等，从而获得心理上的安全感。门厅的家具应选择低柜类，高度不要遮挡视线，并可以让部分光线透过，使门厅空间更加明亮。如果无法保证门厅与起居室等空间的视线直通，可以通过镜子的反射作用来观察门厅的情况（图6.10）。

图6.10　从镜中观察到起居室内的老人

103

6.2.2　起居室——视野开阔通风好

起居室内要保证有良好的自然采光与通风，门窗的采光面积要大，开启扇应保证一定的数量和面积。老年人在起居室靠窗区域晒太阳及锻炼的空间，应保证采光通风良好、视野开阔，可进行小幅度的肢体锻炼活动（图6.11）。

图6.11　在宽敞透亮的起居室内轻微活动

起居室的电视柜适宜正对坐席区布置，并保证良好的视距和视角，以避免由于眩光而影响电视机的显示效果，使老年人无法看清荧屏上的画面。另外，还要注意电视机与窗的位置关系，避免荧屏出现反射形成光斑。

6.2.3　餐厅——明亮通透增食欲

我们知道，人对饮食不仅有味觉，还有嗅觉、视觉等，因而就餐时应使五种感官都能尽情享用，如果缺少其中任何一种感觉，都会带来遗憾。有时出远门会赶上吃盒饭，有这样一种感觉，那就是在向阳的地方，或在从树叶间隙射进来阳光的树林里吃，会比在阴天下吃起来感到饭菜更有味道。那么，为什么太阳光线会使食物看起来更具美味呢？这是因为太阳光线可以使被照食物所有包含的颜色都鲜亮地呈现出来，反射出它所具有的美味表现，营造出美味飘香的氛围环境（图6.12）。

图6.12 在隔着纱帘的早晨阳光下享用早餐

餐厅环境虽然没有像户外那样有大量的自然光，但也要尽量明亮通透，要有直接的通风采光。然而，一般住宅中由于各方面条件的限制，往往会将餐厅置于采光条件较差的位置。在老年住宅中，由于餐厅承载了更多的使用功能，应更加重视其自然采光的需求，使就餐空间更为舒适、明亮。

餐厅的自然采光一般有：直接对外采光、通过阳台间接采光和通过厨房、阳台间接采光（图6.13）。如能将餐桌设置在窗边，则会使老年人有机会欣赏窗外的景致，有利于老人身体的健康及心情的愉悦。餐厅的色彩宜温馨清雅，以促进食欲。

105

（a）直接对外采光

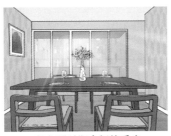

（b）通过阳台间接采光

（c）通过厨房、阳台间接采光

图6.13 餐厅自然采光的几种形式

6.2.4 卧室——南向近窗享阳光

老年人畏冷喜阳，卧室宜布置在南向，使光线能尽量照射到床上。老年人午休或生病卧床时，可以享受阳光，同时也利于卫生、消毒。当卧室设有东、西向窗时，应采取一定的遮阳措施，例如百叶窗、竹帘等，以便老年人根据需要调节室内的进光量。

老年人在卧室中除了午休和睡觉之外，还会进行许多其他活动，卧室往往还承担了书房、兴趣室等多种功能。因此，在老年人的卧室里，除了摆放必要的家具之外，还应留出集中活动的空间，以满足老年人晒太阳、读书上网、与家人交谈等休闲活动的需求。

老年人卧室中的集中活动空间首先宜靠近采光窗布置，以便老年人享受阳光，观赏户外景色（图6.14）。当卧室空间有限时，也可通过结合落地凸窗或阳台的形式，扩大窗前空间以便形成完整的活动区域。其次，活动空间也可设在卧室入口处，以方便轮椅就近转圈。

图6.14 增大卧室进深扩大窗前活动区域

6.2.5　厨房——操作区域勿背光

对于老年人来说，厨房的主要操作活动区也应该有自然采光、自然通风（图6.15）。老年人在洗涤池处的操作时间最长，应避免将洗涤池布置于背光区。洗涤池宜靠近厨房窗设置，以获得良好的采光。一些户型的厨房窗处于楼栋凹缝处，虽然做到直接对外开窗，但进入室内的光线十分有限。特别是当洗涤池背光布置时，日常操作处于昏暗中，这对于老年人来说存在诸多不便（图6.16）。

图6.15　自然采光良好的厨房环境

图6.16　背对自然光的厨房洗涤池处

107

另外，对于复式住宅，厨房多设置在下层，如果条件允许，有时上下层交换也是合乎情理的。由于从窗户射进的自然光是根据从其窗户能看到多少户外天空而决定的，所以一般情况下，比起上层来说下层稍微暗一些。现在人们的生活方式，厨房除了用来做饭、用餐外，还是家庭聚会所使用的空间。如果把厨房搬到楼上，充足的自然光会使空间更加舒适，生活品质也更加向上，作业环境也会得到改善。

6.2.6 卫生间——巧思获取间接光

老年住宅的卫生间要尽量争取对外开窗，成为"明卫"，以获得自然采光和通风换气。当卫生间有条件开窗时，开窗位置选择的优选顺序（从好到差）依次如下：

（a）设备布置的自由墙面。

（b）坐便器后墙面，以便保证老人能够接近窗户进行开闭操作。

（c）淋浴间侧墙面。

（d）浴缸侧墙面（图6.17）。

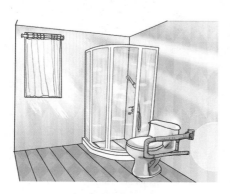
（a）设备布置墙面

（b）坐便器后墙面

（c）淋浴间侧墙面

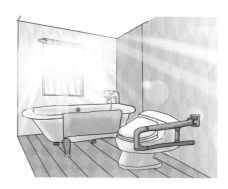
（d）浴缸侧墙面

图6.17 卫生间开窗位置优劣比较

　　另外，对于无法直接采光的卫生间，可通过向其他空间开设小窗、高窗，或在门上采用部分透光材质，使其获得间接采光，而不必完全依赖人工照明。开设小窗即便是固定扇不能通风，也能提供一定的光线，在老人进入卫生间内简单取物时，可以不必频繁开灯。既迎合了老年人节电的心态，又对老年人的活动安全有利。

　　卫生间内洗手盆上方的镜子应距离盥洗台面有一定高度，防止被水溅湿弄污。兼顾到坐姿使用的情况，镜子的位置也不可过高，通常最低点控制在台面上方15～20cm为宜（图6.18）。

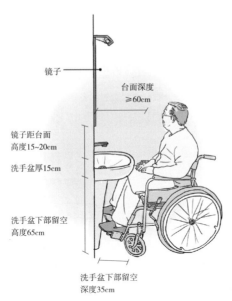

镜子

台面深度
≥60cm

镜子距台面
高度15~20cm

洗手盆厚15cm

洗手盆下部留空
高度65cm

洗手盆下部留空
深度35cm

图6.18　卫生间洗手盆相关尺寸

　　为了弥补老年人视力的衰退，可以补充设置侧面的镜子或带有可伸缩镜架的放大镜子。浴室中也宜设镜子，以便老人洗澡时及时发现平时不易察觉到的身体、皮肤等的变化，例如皮肤的淤青等（图6.19）。浴室的镜子应有防雾功能。

图6.19 方便查看皮肤变化的镜子

6.2.7 阳台——促进通风与采光

阳台是调节室内光线、通风量及温度的屏障，也是老年人进行日常休闲的场所。阳台窗的设置应能促进室内的采光通风，并应保证良好的视野（图6.20）。

图6.20 阳台自然采光

　　阳台窗采用落地窗有利于光线更多地进入室内，也便于使用轮椅的老年人凭窗眺望下部庭院，观察人们的活动。但要注意做好落地窗的防撞处理。

　　阳台之所以在老年人的日常生活中不可或缺，在于其不但为老年人提供晒太阳、锻炼健身、休闲娱乐，以及收存杂物的条件，更为老年人培养个人爱好、展示自我、与外界沟通搭建了平台。

　　由于身心特征的变化和社会角色的转换，老年人外出的概率相对较低。但从保持身心健康的角度，他们又有与外界环境交流接触的需求。良好的阳台空间有助于加强老年人对外界信息的摄入。对于延缓衰老、保持老人身心健康有着重要的意义。

　　阳台要有相对集中的活动空间，如有条件宜设置至少两把座椅，老年人可以与老伴儿或亲友相互交谈。座位的设置还要便于老人观察室外发生的事件、欣赏户外的景观等。住在一层的老年人，甚至可以与窗外的行人进行视线、语言的交流。

　　阳台要留出摆放洗衣机的空间，并应设置上下水，满足洗涤用水的需要，也有利于清扫阳台的地面。若阳台与起居室相连，要注意衣物的晾晒尽量不要影响到起居室的视野和光线。可设置侧边晾衣竿。晾晒衣物较少时，可以只用侧边晾衣竿，减少阳台晾衣对室内视线、光线的遮挡和对人在阳台活动的影响。

　　另外，阳台与室内空间的隔断门应注意满足室内采光通风要求，并保证通行顺畅。还要注意阳台灯具与晾衣竿的位置关系，避免相互妨碍。阳台护栏须结实、坚固，但不宜过密过粗，以免影响视线和通风。

111

7 老年住宅的照明设计

一个设计合理的老年住宅光环境，对实现居家养老具有重要的意义，可以发挥多方面的作用。

首先，可以保证老年人的居住安全。据北京市疾病预防控制中心对本市一些地区的抽样调查显示：60~69岁老年人每年跌倒发生率为9.8%，70~79岁为15.7%，80岁以上为22.7%，跌倒发生率每增长10岁将增高0.5倍左右。跌倒是伤害死亡的第4位原因，在65岁以上的老年人中则居首位。老年人在住宅内跌倒的主要原因是照明设计不当。

在养老生活中，居住的长期安全是保证老年人养老生活质量的重要因素。在老年住宅的照明设计中，应充分考虑因照明不当而引发的各类意外的可能性，并采取必要的设计措施，以降低老人居住中发生事故的概率。

其次，有利于老年人的身体健康。改善照明光环境是老年低视力患者的视觉康复中的重要一环。良好、舒适、合理的照明条件，对老年人的起居、食欲、交往、消除孤独焦虑感，增强自信心，提高生活质量起到积极的作用。

无论是自然光还是人工光，对老年人来说都是不可或缺的。在住宅中通过适老化的照明设计，可以对老人钙的吸收、睡眠荷尔蒙的分泌、生理节律复位提供支持，可以祛除一些病痛，使老人身体更健康，从而减少对子女及社区照护的依赖。

再次，可以提高老年人与外界的联系能力。据加拿大麦克吉尔大学（McGill University）的一项研究显示，对于老年人来说，与家人和朋友相比，多跟朋友相处好处更多、更有助于长寿，能长寿的几率高出7％。美国的一项调查也显示，老年人的亲密朋友比配偶更了解自己，甚至能对老年人的寿命长短有相当准确的直觉判断。

老年人的居家生活往往需要社会力量的协助。通过在老年住宅中的照明设计，使环境更加温馨，以利于老人更愿意接触家人和朋友，了解外面的信息，提高对生活的情趣，减少生活的孤独感。

7.1 老年住宅的照明要求

前面提到，随着年纪的增长，眼睛睫状体老化、晶状体变混浊，从而导致眼睛远近调节机能下降。晶状体变黄，导致对色彩辨别能力下降。晶状体硬化，致使光线在眼球内发生散乱，导致视力下降，或者对眩光更加敏感。另外，虹膜老化还会使明暗适应能力下降等（图7.1）。基于老年人这些视觉上的变化，对照明就有了更高的要求。归纳起来有如下4点：高照度、避免眩光、显色性好、照度均匀。

113

7.1.1 高照度

人到老年，视力衰退。为了视觉清晰需要一定的照度。照明不仅要满足像阅读写作那样的明视觉条件，还要满足左右人们心理、生理，以及其活动的条件。基本的考虑就是，早晨和白天需要亮，夜晚需要暗。如果室内白天采光不够理想，就需要用人工照明加以弥补解决。

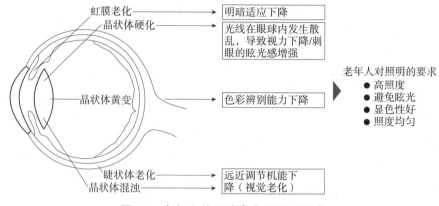

图7.1　老年人的眼球变化及照明要求

另外，老年人的明暗适应机能变得迟钝，从户外到室内的入口门厅，即使是在白天，明暗变化的设计也要多下工夫。有时会发现一些福利设施或医院可能是出于节省电能的考虑，尽管白天自然光线比较差，却还熄着灯。照明不仅是从物理的角度得到明亮，还应该把它充分理解为是从人们心理的、生理的角度，向人体输送信号，是对老年人的关爱。

深夜，卧室应该黑暗，明亮会对生理节律带来影响，因此要抑制照度，或者设置可以调整亮度的开关是非常必要的。

一般情况下，照度高视力也会提高，前提条件是不仅要比一般空间提高设计照度，而且必须控制刺眼的光线和各部位的照度差。显然，为了看清物体，老年人比年轻人需要更多的照明。要使整个房间明亮，尽量减少黑暗面，使较多的光线到达老年人的视网膜，这样老年人在行动时就能有较好的可见度。但这并非意味着单纯地增加光源数量就可以达到目的。这样做不仅造成电能浪费，而且非科学地分配和控制光量，将进一步造成老年人的视力恶化。

　　表7.1是以住宅空间为例，为老年人推荐的照度值。从表中可以看出，对老年住宅推荐的有些照度值比日本工业标准（JIS）的照度要求要高一些。此表是日本学者高桥贞雄、渕田隆义先生研究得出的结果，我们在设计老年住宅时可以作为参考。

表7.1　推荐适合老年人的照度值（住宅）

	推荐照度/lx	JIS照度标准/lx
起居室		
• 整体	100	30～75
• 手工、缝纫	○1000	750～2000
• 看书、化妆	○ 750	300～750
• 打电话	○ 500	300～750
• 团聚、娱乐	○ 300	150～300
客厅		
• 整体	○ 100	30～75
• 茶几、地面	○ 300	150～300
餐厅、食堂		
• 整体	○ 150	50～100
• 餐桌、灶台、水池	○500	200～500
卧室		
• 整体	30	10～30
• 看书、化妆 ※	○ 300	300～750
浴室、更衣室		
• 整体	150	75～150
• 剃须 ※、化妆 ※、洗漱	○ 500	200～500
走廊、楼梯		
• 整体	75	30～75
储藏室		
• 整体	30	20～50

115

续表

	推荐照度/lx	JIS照度标准/lx
门厅（内侧） • 整体 • 穿衣镜 • 换鞋、装饰架	100 ○ 300 ○ 200	75～150 300～750 150～300
大门、门厅（外侧） • 门牌、受理邮件、门铃 • 通道 • 防范	○ 50 ○ 5 1	30～75 5～10 1～2

注　※意为主要是指照镜人的垂直面照度。
　　○意为也可以用局部照明获得。

参照表7.1，以老年人阅读文字的照度为例讲解。大号文字：文字高度2mm，比小六号排角标的文字稍小一些；中号文字：文字高度1.23mm，与简明英语词典的文字大小差不多；小号文字：文字高度0.88mm。实验表明，老年人的必要照度平均值为：大号文字70lx，中号文字140lx，小号文字360lx。在住宅里，老年人看小文字的机会是极少的，尽管如此，老年人阅读文字的照度也要达到140lx，再考虑到各人的差异，轻松阅读的最下限度需要700lx。

为了提高照度，可以用增加照明的方法加以解决。像那些亮度低的空间，视野较差，容易发生危险事故。例如，为了看清台阶踏步，应该在台阶的起始点到终止点连续设置照明灯具。

7.1.2　避免眩光

眩光是指视野中由于不适宜亮度分布，或在空间或时间上存在极端的亮度对比，以致引起视觉不舒适和降低物体可见度的视觉条件。

由于老年人需要更多的光来辨别环境，所以要特别注意避免眩光的问题。不仅要采用不透明或半透明的灯罩遮住视线内的光源，还要注意避免光源在光亮的家具表面或地板上形成反射眩光，造成视觉混乱的严重后果。因此，在一般情况下，眩光是应该加以避免的。造成眩光的原因有很多，主要有以下几点：

（1）表面磨光且闪闪发亮的家具；

（2）高反射率材质的墙面和地面；

（3）金属制品、树脂、塑料制品；

（4）透明灯泡或裸露的荧光灯；

（5）没有灯罩的灯泡（管）；

（6）没有灯罩的烛台；

（7）没有遮阳罩的窗户。

为了避免眩光，应采用多光源照明来达到较高的照度。为增加照明的均匀性及避免眩光的产生，不宜采用单个过亮的灯光作为唯一的照明，特别是裸灯，所以要做好灯具的遮光处理。防止眩光的方法有很多，列举如下。

（1）利用间接照明。灯泡（管）等光源在灯罩或灯槽的遮挡下，不会直接照射到我们的眼睛，形成了柔和光的理想环境。像古人使用的突出烛台那样，墙面上设置的照明灯具的灯光经顶棚的反射而照亮空间。射进窗户的强烈太阳光，也可以通过改变百叶窗叶片的角度，经其他表面反射而使刺眼的光线得到缓解。

（2）选用柔和光的灯泡（管）。灯泡可选用磨砂灯泡、涂白灯泡和乳白灯泡。

（3）降低墙面、地面和家具反射光的材质。从光泽地面的起始端到终止端铺设地毯，墙面和顶棚采用亚光涂料或壁纸装饰，家具表面可以采用铺设布罩等有效方法。

（4）改变座椅方向。为了避免眩光而只是改变座椅方向的方法也可以考虑利用。

（5）利用半遮挡窗帘。为了避免白天的强烈日光而关闭整个窗帘会得不偿失，因此采用只是遮住户外强烈眩光的半遮挡窗帘（Cafe Curtain）会更加行之有效。

（6）选择避免眩光的住宅。在改造或购置住房时，选用亚光材质的墙面和地面，选用间接照明，窗户最好是飘窗等。总而言之，选择避免眩光构造的住宅是非常重要的。

除此以外，还可以用盆栽的树叶对强烈的灯光进行一定的遮挡，这样既避免了眩光，又可以通过树叶的间隙透过灯光来营造树荫下的自然效果（图7.2）。

图7.2　用盆栽树叶营造树荫的效果

（图片提供：日本中岛龙兴照明设计研究所）

7.1.3　显色性好

显色性是指光呈现物体颜色的光源的性质。一般情况下，显色性好的灯光使物体的固有颜色不失真。相反，显色性不好的灯光会使物体本来的固有颜色大大改变。

光源的显色性好不好，是由光源从蓝紫色的短波光到红色的长波光之间所含多少比例决定的，这也就是所谓的"分光特性"。也就是说，光源中包含了各种各样的颜色，在这些颜色当中，若蓝色光成分多，被照物体就呈现蓝色；若光源红色光成分多，照射到物体上物体就呈现红色。如果光源包含各种颜色的光均等的话，就是白色的自然光源，物体所呈现的颜色就是在自然光源下所呈现的颜色。

由于老年人对色彩的辨别能力比较差，对于一些相近的颜色，例如红色和橙色、蓝色和绿色区分能力减弱。选用显色性好的光源有利于老年人对室内色彩的正确分辨。

另外，有研究表明，在老年人眼里看起来蓝色却是偏黑的。即使有些色彩含有蓝色，在老年人眼里也会发生变化。老年人对深浅不同的蓝色也不能很好的区分，所以在为老年人设计的房间里，应尽量避免使用蓝色。

光源显色性的好与差一般用平均显色指数Ra来表示，最好最高为100（例如：太阳光）。物体在某种光源照射下，当Ra≥80时，显色性为优良；Ra = 50 ~ 79时，显色性为一般；Ra < 50时，显色性为差。

老年人视觉感到舒适的光源平均显色指数Ra应该在80以上。

现在，市场上买到的荧光灯几乎都是高显色型的，平均显色指数Ra在90以上，灯管（泡）材料是石英玻璃，发出的光同时还有紫外线附近的光波。但是，这些灯管的发光效率不太理想，要想得到理想的亮度需要多支一起使用。因此，现在更多使用的人工光源是三基色荧光灯，平均显色指数Ra在80以上。由于此类灯管（泡）的发光效率高，所以从经济的角度来考虑，被广泛应用于住宅和办公空间。但是，这些灯管（泡）都没有连续的光谱。简单地辨别光源显色性好或差，可以采用在灯光下看手掌的方法。手掌血色分明，光源显色性好［图7.3（a）］；如手掌发青则光源显色性差［图7.3（b）］。在显色性差的灯光下（一般荧光灯Ra为60 ~ 70）看东西，眼睛的分辨率低，容易造成视觉疲劳；另外，还容易造成眼睛对颜色的判断失误。常有人在商场购买衣服回家后，发现其颜色与在商场看到的颜色不一样，原因就是商场灯光显色指数不够。

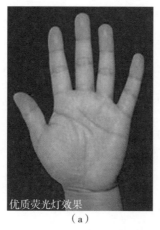
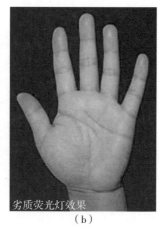

（a）　　　　　　　　　　　（b）

图7.3　检测显色指数的手心比较判断法

　　对于老年人来说，由于观察色彩能力的改变，比起中青年人肯定存在一定偏差，所以一定要采用高显色性能的人工光源。同自然界一样，早晨和白天采用色温在4000～5000K光色的高照度荧光灯；傍晚和夜晚采用色温在2500～3500K光色的低照度LED（或者暖色荧光灯）比较理想。为了通过光色来达到前面提到的治疗效果，照明灯具可以采用彩色玻璃、滤色镜等透光材料。色彩会对于人们的心理、生理带来非常大的影响，为了在视觉上使颜色更加鲜艳、美观，有必要采用高显色性能的人工光源，色彩规划和照明规划可以同时进行。

7.1.4　照度均匀

　　均匀的室内照度对于老年人来说非常重要。光源和灯具等所形成的阴影会使老年人心理产生恐惧。正是由于这些阴影，有时会产生家中有所谓幽灵出现的幻觉。为了消除阴影，把照明灯具设置在一定的高度，或者采用间接照明而达到灯光柔和的效果。即使是现在正使用的灯具，也可以让它照射到墙面或顶棚面而达到间接照明的效果，从而减少阴影。另外，也可以沿着墙面设置多盏照明灯具来减少阴影的存在。

　　住宅内的亮度分布也要尽可能均匀，特别是出入口附近的地方要加以注意。若通道走廊过于昏暗，在进入房间时，会对房间内的明亮光线感到刺眼。同样，在经过门厅走出户外的同时，也会对户外明亮的自然光感到刺眼。因此，即使是在白天，家中也要保持一定的亮度（图7.4）。

图7.4　照度分布均匀的门厅照明

　　平时，我们走在大街上，道路两旁的商店有引人入胜的，也有不起眼的。另外，有的商店里感觉比较宽敞，而有的商店里却感到比较狭窄。不管哪一种情况，通过不同的照明方法，使照射到顶棚、墙壁、地面的光有强弱的变化，便会发现视觉空间效果有很大的不同。住宅空间也是一样，有时候白天看起来显得比较宽敞的空间到了晚上就显得比较狭窄，这时只要我们对墙壁和窗帘进行照明，情况就会有很大改观。即使是福利设施和医院那样的空间环境，只要我们对入口正面的墙壁、柱子周围进行照明，环境氛围就会产生很大改变。在这种情况下，色彩和素材所带来的影响也应一并考虑。

　　光源所在的高低位置对人们也会产生心情上的影响。为了得到悠闲和舒适的视觉感，光源的位置可以比较低一些。另外，在具有紧张感行为的时间带和情况下，可以把光源的位置设置得高一些，让光从上方照射下来。这些都是基于自然界中太阳的高度

121

变化对人们心情变化的影响所考虑的。于是，白天的光可以设计成从上往下照射，从傍晚到夜晚，光可以设计成多种位置。

音乐、温度可以根据人们的喜好和环境氛围进行自由调节，而当前的照明却只有点亮、熄灭等简单方式而使人感到异常乏味。今后在老年人的住宅或设施里，照明应该力求适应其喜好，随时间、季节、情况的改变而改变，照明控制采用自动或手动，利用光的增加或减少等变化来提高空间的舒适度。

7.2 部分房间的照明设计

在有老年人的住宅里，照明设计应兼顾老年人的健康状况，由于使用目的不同，应分别进行适当的照明设计。不仅要使老年人感到舒适，而且还要考虑到家人和看护人员的功能要求。下面就老年住宅的照明设计，针对部分空间说明如下。

7.2.1 门厅——照明分梯度 亮度可调节

图7.5 对到访者有欢迎寓意的
门厅照明

门厅作为室外与室内的分界和过渡区域，无论是自然采光还是人工照明，均应注意入户门内外空间的亮度变化不宜过大。一方面，进入门厅开灯后刹那间强烈的光线有可能对老人造成眩光；另一方面，从较亮的门厅突然进入较暗的走道也会有短暂的眼前漆黑的感觉。因此，门厅的主要照明不宜过亮，最好能采用亮度可调节的灯具（图7.5）。

　　门厅近旁可以设置地灯、顶灯等多种照明方式，以便达到分梯度、分层次的照明效果。例如，在鞋柜下方距地30cm，可增加地灯、小夜灯的足下照明，为老人换鞋、取鞋提供近距离的光照，也有助于老人看清楚地面，行走时更加安全（图7.6）。

　　灯具开关宜设在入户后伸手可及的范围之内，避免老人在黑暗中摸索。开关位置应注意避免被挡在开启的门扇背后，开关面板宜带有提示灯。

　　如有条件，适宜在门厅附近设置能照到全身的穿衣镜。老人外出前可在镜前照一下自己是否穿戴整齐，也有助于提醒老人是否有所遗忘。镜前区域应有一定的采光，或设置照明灯。为防止轮椅碰撞，镜面下沿应高于地面35cm以上（图7.7）。

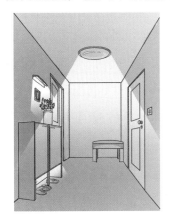

图7.6　门厅照明设计例

图7.7　穿衣镜照明例

　　当设计无要求时，室外墙上安装的灯具，灯具底部距地面的高度不应小于2.5m。

7.2.2　起居室——开关易操作，局部有灯光

　　目前，起居室照明设置常见的不当之处有：选用装饰性过于繁复的灯具而使照度损失较大；装饰灯具吊挂过低、过重，有安

全隐患；设置过多射灯，仅仅用于照射一些装饰画，实用功能较弱。这些均不适宜在老年住宅中采用。

老年住宅起居室的主要照明灯具应选择造型相对简单、照明效率高、照度损失小的，为空间整体提供较高的照度，营造室内明亮的氛围。

起居室的一般照明开关应设在进门方便操作的位置，距地面1.1～1.2m，以便在老年人进入起居室之前能打开灯照亮行走路线。一般起居室附近灯具较多，为避免老人误操作，可多设置几个单联开关，并用图示、颜色或文字清晰标识，指导提示老人操作。

除一般照明外，还应在沙发附近设置落地灯、台灯等的局部照明，为老人读书看报、接打电话，以及做一些较为细致的家务等提供补充照明。图7.8中，图（a）照度足够的话，简单地阅读报纸和杂志等刊物不成问题。图（b）即使是简单地阅读，由于纸面上有阴影而不易看清文字。图（c）由于台灯灯罩的大小、高度不合适，所以光线不能充分到达书籍页面。图（d）适合于长时间阅读的落地灯，是专为爱好读书的老年人而设计的。

（a）适合简单短时阅读　　（b）纸面有阴影不易看清文字　　（c）光线不能充分到达页面　　（d）适合长时间阅读

图7.8　阅读照明

起居室里还应设置老年人专座，其位置应在方便进出的地方，并尽可能使老年人看电视有很好的视距。起居室电视背后的墙面可设置柔和的背景照明，以减小电视机荧屏与周围环境的亮度反差，使老人视觉较为舒适。应注意的是，背景光的光源须避免直射人眼，也不要在电视屏幕上形成光斑。

电视机设置的高度适宜与老年人坐姿视线高度相平或略高，防止长时间低头看电视造成老人颈部酸痛。最好能使老人头靠在沙发背上观看，使眼部自然放松且颈部有支撑，以缓解观看电视的疲劳感（图7.9）。

图7.9　电视机的高度与老年人坐姿的距离

7.2.3　餐厅——灯光显色好，菜肴更诱人

餐厅照明通常以悬挂在餐桌上方的吊灯作为主光源。灯具距桌面1～1.2m左右。要求灯具照度适宜，并注意灯具与餐桌位置的对应关系，应能使光线集中在餐桌上，使老年人能够看清食物及就餐者的脸部。吊灯悬挂的高度应避免老年人收拾桌子时碰头。对于老年人而言，宜选用灯罩造型简洁、避免眩光、材质便于清洁和保养的灯具，以免增加维护的难度。

餐厅灯具开关不宜距离餐桌过远。其开关若与起居室、厨房开关设在一起时，应注意区分和标识。

餐厅的灯光应温馨清雅、显色真实、红色光成分多，使餐桌上的菜肴更加诱人，有利于老年人增加食欲（图7.10）。

餐桌位置调动的可能性较大，可视餐厅形状、面积大小在顶部预留1～2个照明接口，便于根据需要调整灯具位置。再有，餐桌上方的吊灯也可以选用能调节灯具高度的那种，使用也很方便。

另外，有时候用交织的烛光照明也能给人们带来意想不到的喜悦。同时，烛光经餐具和菜肴的反射，微弱的亮光刺激视网膜，从而使人们的心境感到舒适（图7.11）。

图7.10 温馨清雅且显色真实的餐厅照明

图7.11 餐厅的烛光照明
（图片提供：日本中岛龙兴照明设计研究所）

7.2.4 卧室——照明宜多种，设置夜明灯

老年卧室的主灯照度不宜过低。以往对老年卧室的照明设置有一定误区，认为老人在卧室中以睡眠休息活动为主，宜安静幽暗，所以将卧室的灯具亮度设置得较低。但是，实际上老人在卧室中的活动往往是多方面的，尤其当老人并非家庭主人时，更倾向于将卧室作为自己日常活动的主要空间，因而卧室内的照度应

适当增加，使老人的日常活动要求得到保障。

卧室内一般以顶部泛光灯作为主要照明灯具，位置多在卧室平面的几何中心。为保证足够且均匀的照度，顶棚灯多以面光源或多个点光源均匀分布。通常不宜在床头上部有直接下射的光线（图7.12）。

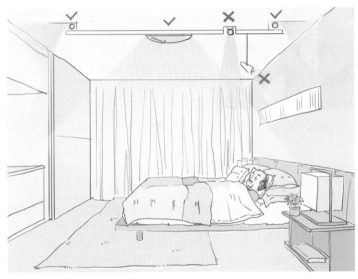

图7.12 卧室灯具的位置和光线方向应避免老人平卧时感到刺眼

灯罩适宜作柔化处理，以免老人平卧时感觉光线刺眼。此外还可以结合局部照明灯具，形成有过渡的多级照明，以满足老人各种活动的亮度需求。例如，在床头柜及书桌、梳妆台等处设置台灯、壁灯作为重要的补充光源，亮度及光照方向应均可调节，方便老人看书、写字时使用（图7.13）。

老人起夜比较频繁，可以在床与卫生间之间的行走路线范围内设置夜明灯，以免开其他灯具过亮刺眼。夜

图7.13 入睡前1～2个小时的卧室照明

127

图7.14 方便的床头局部照明

明灯的形式可以是壁灯、地灯等，光线不必过强，也不要直射人眼。

卧室顶棚灯建议采用单联双控开关，一处设置于卧室进门处，另一处设在老人床头附近，方便老人在床上控制灯的开关，免去起身开灯或关灯的麻烦。卧室夜明灯的开关也应设在床头附近（图7.14）。

老人在卧室里设置电视机是很普遍的，通常的布置方法是正对床头。当卧室开间较小时，为了保证通行宽度，电视机也可能为壁挂式或布置在房间的一角。如老人须卧姿观看，则要注意调整电视机荧屏的高度和倾角（图7.15）。电脑显示屏不要正对窗，以免反光。

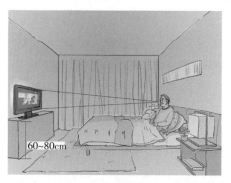

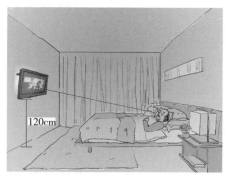

图7.15 老年人卧姿观看电视的适宜高度

卧室中通常在以下几处设置电源插座：①床侧预留1～2个，供老人接插小夜明灯、台灯等补充照明灯具，以带开关的5孔插座为宜，可兼作灯具的开关；②书桌台面上方预留1～2个插座，供台灯、电脑、音响等电器使用；③在可能摆放电视的墙面上预留1～2个插座，供电视机、DVD等电器使用，插座高度应在电视机台面以上。

老人床旁边的书桌、床头柜，最好有较大的台面，可以放置台灯和其他常用生活物品。床头柜对于老人而言是必不可缺的卧室家具，既可以方便地存放一些常用物品，又可以作为老人从床上起身站立时的撑扶物（图7.16）。老人卧室床头柜的高度应比床面略高一些，以便老人起身撑扶时施力，其高度为60cm左右即可。床头柜应具有较大的台面，以便摆放台灯、水杯、药品等。台面四周应围以框边（中国古典家具称为"冰盘沿儿"），以防止物品滑落。床头柜宜设置明格，可摆放需要经常拿取的物品；宜设抽屉而不宜采用柜门的形式，使开启方便、视线能够看清内部的物品，以免老人翻找物品时弯腰过低。

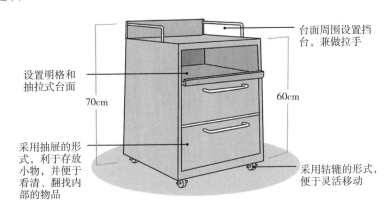

图7.16　适合老年人使用的床头柜

7.2.5　厨房——灯光暖色调，插座宜多装

厨房的整体照明灯具一般设在吊顶中心处，起到为厨房空间提供整体、均匀照度的作用。灯具的造型宜采用外形简洁、不易沾染油污的吸顶灯或嵌入式筒灯，而不宜使用易积油垢的伞罩灯具或下垂式灯具，避免影响吊柜柜门的开启。整体照明灯具的开关通常设置在厨房门旁的墙壁上。洗涤池、操作台上方的灯具开关可就近设置。

筒灯、射灯的垂直光线容易在操作台上方产生操作者自身的投影，不便于老人看清手头操作。因此，厨房内除整体照明外，还应在洗涤池及附近操作台的上方设置局部照明。灶台上方可不设置局部照明，因为我国生产的吸油烟机本身都带有照明灯具，烹调操作的照度要求能基本满足（图7.17）。

图7.17　清雅方便的厨房照明

针对洗涤池及操作台的局部照明灯具一般设在墙面或组合安装在吊柜下方。光源宜采用暖色调灯光，其显色性较好、发光效率高而且散发的热量小，可避免因近距离操作产生的灼热感。但要注意进行适当遮挡，不要使其照射到人眼。图7.18中图（a）由于手边光线太暗，所以容易使眼睛疲劳。图（b）手边环境明亮，操作起来比较方便。图（c）由于手边光线太强，容易使带光泽的洗涤池反射光而刺眼。图（d）在没有吊柜的情况下，可以考虑在洗涤池及操作台的上方设置吊灯。

厨房用电设备较多，电源线应加大强电负荷量。通常宜根据使用要求在适当位置预设电源插座，并为日后增添新的设备留出余量。例如，墙上部应预留2~3个电源插座，供吸油烟机、排风扇、热水器等设备使用；中部高度操作台面之上宜多设置电源插座，供摆放在台面上的微波炉、电饭煲及小型电器使用；低部和地柜内也应预留2～3个电源插座，供冰箱、洗碗机、电烤箱、垃圾处理器等电器使用。

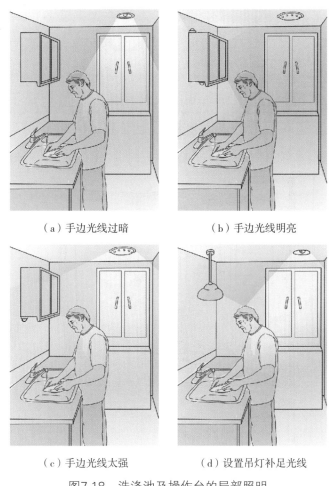

（a）手边光线过暗　　　　　（b）手边光线明亮

（c）手边光线太强　　　　　（d）设置吊灯补足光线

图7.18　洗涤池及操作台的局部照明

7.2.6　卫生间——照明无死角，须设辅助灯

卫生间的整体照明通常设在顶部，各功能分区宜根据各自的需要分别设置辅助灯具，保证没有照明死角。卫生间灯具还须注意防水防潮，应加封闭型灯罩，防止因顶棚结露而对灯具有所损

害，造成漏电等危险。

盥洗区通常设置镜前灯，以消除顶光照明在面部形成的阴影。镜前灯一般设于镜子的上方或两侧的墙壁上。灯具的位置应保证在垂直于镜面的视线为轴的60°立体角以外。灯光应照向人的面部，而不应映于镜子中，以免产生眩光。常见的失误是用筒灯作为镜前灯，其垂直光线通常在人的头顶造成脸部阴影；当近距离照镜时，灯光又在身后，使人看不清脸部细节。梳妆照明灯具应有较高照度，镜内所看到的人像距离约是脸至镜子距离的两倍，由于老年人视力的衰退，要想更好地观察面部的细节，照度需要比一般要求高一些（图7.19）。

图7.19　镜前灯能照亮看清脸部细节

洗浴区顶部通常会安装浴霸，其安装位置最好能兼顾更衣区的温度要求，使老人在穿脱衣服时，也能保暖而不致受凉。浴霸开关应放在淋浴区附近，方便老人洗浴时根据需要就近操作。一些浴霸由于同时包含照明、加热、排风等功能，其开关面板的按键较多，应选择易操作的大按键，最好再有明晰的文字或图示标识。当采用壁挂式浴霸时，注意其光线不要直射人眼，并应与身体的活动范围保持适当距离，以免灼热或烫伤。夜晚洗浴时，为了使窗户玻璃上不映入身影，可以在窗户玻璃的上方或左右设置照明灯具（图7.20）。

图7.20 窗户上方或左右设置照明灯具

如厕区虽然间接、半间接照明的环境氛围比较舒适，但光线较暗，不容易正确观察排泄物的颜色、形状，不能及早发现健康隐患。因此还是在坐便器的上方设置比较明亮的直接照明灯具比较理想。但要注意灯具设置的位置不要造成自身挡光，深夜使用时最好可以调光（图7.21）。

图7.21 如厕照明

老年人起夜较为频繁，如厕区域最好设置夜明灯，位置应在灯光不易直射人眼的高度，通常设在接近地面的较低处（图7.22）。如未设置夜明灯，卫生间主灯最好选用可以调光的灯具，以免夜间突然开灯，光线过于刺眼。

图7.22 卫生间的夜明灯

卫生间电器开关较多，应合理标识，便于老人识别。开关的位置必须注意不要与毛巾杆、镜子的安装位置冲突。顶灯开关可设置在卫生间门外侧，便于老人进入之前开灯照明，保证其始终在有光照的环境中活动。

另外，卫生间内电热水器、浴霸等设备较为集中，应加大电源线的强电负荷承载量。洗面台上方应预留1～2个5孔插座，便于老人使用电吹风机、电动刮胡刀等。坐便器右侧宜预留电源接口，以备增设智能便座时使用。

卫生间墙面应注意防水，瓷砖色彩纹理选择应防污，避免误视。

7.2.7 阳台——主灯为吸顶，位置有讲究

白天，阳台的自然采光条件优越，基本不需要人工照明。夜晚，为了便于生活，特别是南方炎热，晚上多在阳台乘凉，照明是很需要的。

夜晚照明通常有1～2个吸顶灯作为照明主灯就可以。

灯具位置应避免与晾衣竿的安装、衣物的晾晒、窗扇或门扇的开启相冲突。

阳台上如设置洗衣机、洗涤池时，应在其上方增设局部照明

灯具，以保证老年人做家务时有适宜的光照条件，避免被自身的
阴影遮挡而影响操作（图7.23）。

图7.23　阳台照明

阳台主灯的开关宜设在通向阳台的室内门旁的墙面上，保证
老人在步入阳台前就能打开灯具。洗衣机上方的灯具开关可就近
设置。

7.2.8　多功能间——灯具巧搭配，放松身与心

在老年住宅中，如果条件允许，备出一个房间作为多功能间
还是很有必要的。这样做可以在不增加住宅总面积的前提下，满
足多种使用要求，从而提升住宅的适应性。

在老年人身体状况较好的阶段，多功能间可以作为书房、棋
牌室、健身房、休闲室等，也可以作为客卧，供子女、亲友临时
住宿。当老年人进入介助期、介护期（详见附录1名词解释），
逐渐需要他人照料时，多功能间可作为护理人员的卧室或老年人
的康复训练室。因此，多功能间往往要能按照不同需求更换家具
类型及布局。

在老年人读书看报、使用电脑的地方，书桌的摆放要能良好

地利用自然采光，不要妨碍窗的开启和关闭。注意避免光线
在电脑显示屏上形成光斑。电源插座接口提高至桌面以上。
另外，还要注意书桌与窗的布置关系，应使光线从顺手方向
照来，以免在手前产生阴影。图7.24中，图（a）在操作电
脑时，通过配光而消除自己的身影。图（b）在操作电脑时，
间接照明（槽灯）与学习用台灯照明形成了良好的照度对
比。图（c）在读书、写作时，用射灯强调绘画作品和观赏植
物，使精神得到放松。图（d）由于筒灯光线太强而使手遮住
了光线。

（a）配光设置

（b）间接照明

（c）射灯设置

（d）筒灯设置不当

图7.24　多功能间照明（1）

在进深较大的住宅套型中，可以将多功能间的墙面作为玻
璃式通透隔断，使光线能够射入套型深处不易获得自然采光的
区域，这样做既达到了借光的目的，又利于老年人之间的相互了
解、相互照应（图7.25）。

图7.25　多功能间照明（2）

另外，多功能间宜多设置一些强弱电接口，便于日后改变房间布局时用到。

7.2.9　走道、过厅——照明须专设，行走保安全

老年人对明暗适应能力很弱，注意不应在房间与大门入口之间的走道或过厅产生明显的明暗差异。一般住宅中1～2m的短走道可不设专门照明，借用其他房间的照明就可以。但长走道应设置专门照明，以保证老年人行走时的安全。

走道灯具应注重简洁实用，不必过于花哨。通常可采用筒灯、壁灯，以及矮位置灯具（踢脚灯）等形式。顶部筒灯可作为整体照明，间隔1～1.5m设置一个，保证光线分布均匀，照度足够（图7.26）。壁灯及矮位置灯具可作补充照明或起夜时的照明。

图7.26　光线分布均匀的过厅整体照明

137

长走道的灯具开关可采用双控形式，在老人卧室门的位置和起居室进入走道的位置各设一个双控开关，保证老年人行进过程中始终有较好的光线，避免因开关位置不当而造成老年人摸黑行走，形成安全隐患。

　　老年人经过的过厅、走廊、房间等如有高低差时，在起止处应设异色警示条，临近处墙面设置安全提示标志及灯光照明提示。

　　老年人夜间起来在房间内徘徊，或者去卫生间方便时，在走道的墙下设有低位照明灯照明是比较合适的。这种低位照明灯还能起到走向卫生间的引导作用（图7.27）。当人接近时自动点灯，离开后还能自动熄灯的夜间自动照明，确实能给老年人的生活带来极大方便。还有市面上可以买到的，直接插入电源插座的小型长明灯也比较理想（图7.28）。另外，在自家门前设置照明灯具，也能起到一定的安全作用。

图7.27　对老年人安全、
方便的低位引导照明

图7.28　小型新颖的人体感应长明灯

　　最近，市场上出现了穿上即刻自动点亮的发光拖鞋，这对于老年人夜间起夜带来了很大方便（图7.29）。

图7.29 穿上即刻点亮的发光拖鞋

附录

附录1　名词解释

A

安全照明（Safety Lighting）

作为应急照明的一部分，用于确保处于潜在危险之中的人员安全的照明。

暗视觉（Scotopic Vision）

正常人眼适应低于百分之几坎德拉每平方米的亮度时的视觉。

暗适应（Dark Adaptation）

视觉系统适应低于百分之几坎德拉每平方米亮度的变化过程及终极状态。

B

白炽灯（Incandescent Lamp）

用通电的方法加热玻壳内的灯丝，导致灯丝产生热辐射而发光的光源。

白内障（Cataract）

像照相机镜头那样凸镜形的晶状体直径为9mm，厚4mm，当光线射入眼睛时，具有与凸镜焦点重合的机能。当这种机能下降时，近处的物体就看不清，这就是老花眼。另外，晶状体呈透明状使光线透过,到达眼底的视网膜并成像。当晶状体混浊后，光线在到达眼底前就发生散乱，在视网膜上成像的程度就会降低，出现眼花模糊的现象。这种晶状体变为混浊的现象就是白内障。

玻璃体（Vitreous）

是与眼睛最前端的眼角膜、虹膜、晶状体相连，位于晶状体的里面，占有眼球相当大的部分。若晶状体是照相机的镜头，那么玻璃体就发挥着暗箱的作用。

C

出口标志灯（Exit Sign Luminaire）

直接装在出口上方或附近指示出口位置的标志灯。

厨房（Kitchen）

供居住者进行炊事活动的空间。

D

灯具（Luminaire）

能透光、分配和改变光源光分布的器具，包括除光源外所有用于固定和保护光源所需的全部零、部件，以及与电源连接所必需的线路附件。

灯具效率（Luminaire Efficiency）

在相同的使用条件下，灯具发出的总光通量与灯具内所有光源发出的总光通量之比。

电光源（Electric Light Source）

将电能转换成光学辐射能的器件。

多功能活动室（Multi-function Room）

供日托老年人开展娱乐、讲座等集体活动的用房。

F

方位探寻系统（Way Finding System）

此系统多用于医疗、福利设施中，是20世纪80年代中叶，由美国建筑家、心理学家和室内设计师等共同协作、研究开发的。如今在许多国家，在进行相关建筑规划时，已是不可或缺的重要规划项目。除了以往只有方位的标识以外，还统合考虑照明、色彩、技巧、设计的五个要素，找出它们各自具有的关联，并以此为基本出发点，集中统一所有的视觉信息，给设施内主要以患者为对象的来往人员加以引导。

芳香疗法（Aromatherapy）

起源于古埃及等古文明，近代盛行于欧洲，是使用植物精油来达到舒缓精神压力与增进身体健康的方法。起初多用在提神或宗教冥想方面，直到1928年法国化学家Rene Maurice Gattefosse发表其研究成果于科学刊物上，才开始运用这一名词而开始了芳香疗法。

芳香疗法是用植物芳香精油来舒缓压力与增进身体健康的一种自然疗法。有香熏、按摩、吸入、沐浴、热敷等，让植物精油作用于人体，通过调节人体的各大系统，激发人类机体自身的治愈平衡及再生功能，达到强身健体、改善精神状态的目的。

G

杆状体（Rod of the Retina）

杆状体（或称杆状细胞）在黑夜或弱光环境中的暗视觉下起作用，看到的景物全是灰黑色，只有明暗感，没有彩色感。眼睛对暗环境具有天生的适应性，突然进入暗环境，眼睛什么也看不清，过一会儿模模糊糊逐渐适应。这种适应力取决于夜间具有传感机能的杆状体。

光（Light）

被知觉的光学辐射。它由视觉系统独有的普遍感知属性所决定。

光环境（Luminous Environment）

从生理和心理效果来评价的照明环境。

光强（cd，坎德拉）

全称发光强度。是指光源在某一方向单位立体角内均匀地发出的光通量，用 I 来表示。

光通量（Luminous Flux）

由于人眼对不同波长的光具有不同的灵敏度，我们不能直接用辐射功率和辐射通量来衡量光能量，因此必须采用以人眼对光的感觉量为基准的基本量，这就是光通量。

光通量用 Φ 表示，单位是流明（lm）。由于点亮的光源经过一段时间光通量会减少，所以我们把白炽灯在点亮的瞬间值、放电灯点亮100小时后的值作为全光通量的数值。

过道（Passage）

住宅套内使用的水平通道。

H

虹彩（Iris）

也叫虹膜。包围着进入眼睛入口的瞳孔。若进入眼球的光能量增加，虹膜扩大，瞳孔缩小。相反，若进入眼球的光能量减少，虹膜缩小，瞳孔扩大。虹膜控制进入我们眼球的光能量，调节刺眼、昏暗的亮光，使亮光达到适合于我们眼睛的亮度。虹膜和瞳孔的这种配合作用，同照相机的光阑孔径作用非常相似。

混合照明（Mixed Lighting）

由一般照明与局部照明组成的照明。

J

季节性感情障碍（Seasonal Affective Disorder，SAD）

也称为季节性忧郁（Seasonal Depression），是20世纪80年代后期，由美国最先提出的。常表现为每年从秋季到冬季发生抑郁，到开春后得到恢复，夏季呈轻度躁狂，是随季节的变化而使症状变动的一种类型的疾病。这种抑郁症与白天的长短、光照周期的长短、当月的平均气温，甚至与阴霾天气是明显相关的。季节性情感障碍与一般的抑郁症不同的是，很少有睡眠障碍，食欲旺盛。据说，冬季的每天早晨，用室内灯5~10倍照度，约3000lx的强光进行光疗法治疗的话，症状会有所减轻。

建筑化照明（Architectural Lighting）

种类有很多，其中主要有槽灯照明、灯檐照明、平衡照明和天棚照明等。

介助老人（Device-helping Aged People）

生活行为需依赖他人和辅助设施帮助的老年人，主要指半失能老年人。

介护老人（Under Nursing Aged People）

生活行为需依赖他人护理的老年人，主要指失智和失能老年人。

晶状体（Lens）

和照相机的透镜作用类似，是一凸透镜或正透镜，将外界的物体成像在视网膜上。当看远处物体时变薄，看近处物体时变厚，通过改变形状调节对焦。它是扁球形的弹性透明体，受睫状体悬韧带的拉力收缩或放松，使晶状体变薄或变厚，从而改变其焦距或屈光度，使远近不同的外界景物都能在视网膜上形成清晰的影像。

局部照明（Local Lighting）

特定视觉工作用的、为照亮某个局部而设置的照明。

K

康复训练室（Rehabilitation Training Room）

为日托老年人提供康复训练的用房。

可见光谱（Spectrum）

太阳光通过棱镜照射在屏幕上，会呈现出从紫到红的7种光色带，这就是所谓的可见光谱。太阳光所有光色具有均匀渐变的特点，若把各波长的能量连成线，是一条平缓的曲线。这与色彩的高再现力、与显色性的评价有关。这种波长曲线化就是分光分布图。

L

老年人（The Aged People）

按照我国通用标准，将年满60周岁及以上的人称为老年人。

老龄阶段（The Aged Phase）

60周岁及以上人口年龄段。

老年人居住建筑（Residential Building for the Aged）

专为老年人设计，供其起居生活使用，符合老年人生理、心理要求的居住建筑，包括老年人住宅、老年人公寓、养老院、护理院、托老所。

老年人住宅（House for the Aged）

供以老年人为核心的家庭居住使用的专用住宅。老年人住宅以套为单位，普通住宅楼栋中可配套设置若干套老年人住宅。

老年人公寓（Apartment for the Aged）

为老年人提供独立或半独立家居形式的居住建筑。一般以栋为单位，具有相对完整的配套服务设施。

老年日间照料中心（Day Care Center for the Aged）

为以生活不能完全自理、日常生活需要一定照料的半失能老年人为主的日托老年人提供膳食供应、个人照顾、保健康复、娱乐和交通接送等日间服务的设施。

老年养护院（Nursing Home for the Aged）

为介助、介护老年人提供生活照料、健康护理、康复娱乐、社会工作等服务的专业照料机构。

冷色（Cool Color）

光源色的色温大于5300K时的颜色。

亮度（Luminance）

是表示人对发光体或被照射物体表面的发光或反射光强度实际感受的物理量。亮度的符号是L，单位为尼特（nt）。1尼特（nt）=1坎德拉//平方米（cd/m^2）

卤钨灯（Tungsten Halogen Lamp）

填充气体内含有部分卤族元素或卤化物的充气白炽灯。

M

明视觉（Photopic Vision）

正常人眼适应高于几个坎德拉每平方米的亮度时的视觉。

明适应（Light Adaptation）

视觉系统适应高于几个坎德拉每平方米亮度的变化过程及终极状态。

N

纳米（nm）

纳米是10的－9次方米，也就是说1nm＝0.000000001m。1nm是1m的10亿分之一。可见光线在380～780nm范围。

暖色（Warm Color）

光源色的色温小于3300K时的颜色。

O

O.T.（Occupation Therapist）

是作业疗法"Occupation Therapist"的简称。是对由于身体上、精神上、发育上有功能障碍或残疾，以致不同程度地丧失生活自理和劳动能力的患者，进行评价、治疗和训练的过程，是一种康复治疗方法。

P

皮脂醇（Cortisol）

是压力激素，为人体提供能量，使人的注意力集中，增强免疫力。一到早晨，明亮的光线抑制了褪黑激素的分泌，清醒使皮脂醇分泌逐渐旺盛，使人的精力充沛，投入到一天的工作和学习。褪黑激素和皮脂醇的交替作用控制人体的工作和睡眠周期，由此便形成了人体的昼夜生理节律。

平台（Terrace）

住宅底层所延伸出的供居住者进行室外活动的部分。

147

P.T.（Physical Therapist）

是Physical Therapist的缩写，指的是理学疗法。在考虑肉体面和精神面平衡的同时，有助于健康和养生。

Q

起居室（厅）（Living Room）

供居住者会客、娱乐、团聚等活动的空间。

亲情居室（Living Room for Family Members）

供入住老年人与前来探望的亲人短暂共同居住的用房。

R

日托老年人（Day-care Elderly）

到社区老年人日间照料中心接受照料和服务的老年人。

日照时间（Sunshine Duration）

在一定的时间段内（时、日、月、年），投射到与太阳光线垂直平面上的直接日辐射量超过120W/m²的累计时间。

S

三基色荧光灯（Three-band Fluorescent Lamp）

由蓝、绿、红谱带区域发光的三种稀土荧光粉制成的荧光灯。

色彩疗法（Color Therapy）

也称颜色疗法，简称色疗。色彩的呈现与光有相当的关系并与能量有关，不同色彩有不同的波长，有不同的频率，自然会有不同的能量呈现，进而影响人体的身心健康。人类的脑神经对不同的色彩具有不同的兴奋度，利用颜色的变化可令人体能量中心达至平衡状态。

色温（Color Temperature）

色温是表示光源光色的尺度，单位为K（开尔文）。色温是按绝对黑体来定义的，光源的辐射在可见区和绝对黑体的辐射完全相同时，此时黑体的温度就称此光源的色温。即使是在白色光中，也包含有像烛光那样的橙色光和像晴空那样的蓝色光。低色温光源的特征是能量分布中，红辐射相对要多一些，通常称为暖色光；色温提高后，能量分布中蓝辐射的比例增加，通常称为冷色光。

使用面积（Usable Area）

房间实际能使用的面积，不包括墙、柱等结构构造的面积。

视角（Visual Angle）

识别对象对人眼所形成的张角，通常以弧度单位来度量。

视觉（Vision）

由进入人眼的辐射所产生的光感觉而获得的对外界的认识。

视觉作业（Visual Task）

在工作和活动中，对呈现在背景前的细部和目标的观察过程。

视野（Visual Field）

当头和眼睛不动时，人眼能察觉到的空间地角度范围。

失能眩光（Disability Glare）

降低视觉对象的可见度，但不一定产生不舒适感觉的眩光。

视交叉上核（Suprachiasmatic Nucleus）

又称下丘脑视交叉上核，缩写：SCN。是哺乳动物昼夜节律调节系统的中枢结构，产生和调节睡眠和觉醒、激素、代谢和生殖等诸多生物节律。睡眠障碍、激素和行为的昼夜节律紊乱是老年人常见的症状，SCN的结构和功能改变被认为是上述紊乱的神经生物学基础。

疏散照明（Escape Lighting）

作为应急照明的一部分，用于确保疏散通道被有效地辨认和使用的照明。

T

套型（Dwelling Unit）

由居住空间和厨房、卫生间等共同组成的基本住宅单位。

统一眩光值（Unified Glare Rating）

缩写为UGR，是指度量室内视觉环境中的照明装置所发出的光，对人眼造成不舒适感主观反应的心理参量，其量值可按规定计算条件用CIE统一眩光值公式计算。

凸窗（Bay-window）

凸出建筑外墙面的窗户。

褪黑激素（Melatonin）

是能调节体内生物钟的、从大脑内松果体分泌出来的荷尔蒙。能明示生理节奏，夜晚在血液中的浓度增高而白天降低。通过光分泌得到抑制，对因时差所引起的头脑迟钝有缓解作用。

托老所（Nursery for the Aged）

为短期接待老年人托管服务的社区养老服务场所，设有起居生活、文化娱乐、医疗保健等多项服务设施，可分日托和全托两种。

W

网络室（Network Room）

供日托老年人上网及通过网络与亲人、朋友聊天的用房。

卫生间（Bathroom）

供居住者进行便溺、洗浴、盥洗等活动的空间。

卧室（Bed Room）

供居住者睡眠、休息的空间。

X

显色性（Color Rendering）

照明光源对物体色表的影响。该影响是由于观察者有意识或无意识地将它与标准光源下的色表相比较而产生的。

显色指数（Color Rendering Index）

在被测光源和标准光源照明、适当考虑色适应状态下，物体的心理物理色符合程度的度量。一般用平均显色指数Ra表示，Ra最高为100。

心理疏导室（Psychological Counseling Room）

为入托老年人及老年人家庭照顾者提供心理咨询和情绪疏导服务的用房。

眩光（Glare）

由于视野中的亮度分布或者亮度范围的不适宜，或存在极端的对比，以至引起不舒适感觉或降低观察目标或细部的能力的视觉现象。

Y

阳台（Balcony）

附设于建筑物外墙设有栏杆或栏板，可供人活动的空间。

养护单元（Nursing Unit）

为实现养护职能、保证养护质量而划分的相对独立的服务分区。

养老院（Home for the Aged）

为自理、介助和介护老年人提供生活照料、医疗保健、文化娱乐等综合服务的养老机构，包括社会福利院的老人部、敬老院等。

养老设施（Elderly Facilities）

为老年人提供居住、生活照料、医疗保健、文化娱乐等方面专项或综合服务的建筑通称，包括老年养护院、养老院、老年日间照料中心等。

一般照明（General Lighting）

又叫整体照明。为照亮整个场所而设置的均匀照明。

医疗保健室（Medical Health Room）

为日托老年人提供简单医疗服务和健康指导的用房。

音乐疗法（Music Therapy）

通过聆听易发出 α 波的音乐来（多指古典音乐）消除身心的紧张与疲惫。还不仅如此，也包括演奏乐器和演唱歌曲。

荧光灯（Fluorescent Lamp）

主要由放电产生的紫外辐射激发荧光粉层而发光的放电灯。按光色分为：日光色荧光灯（色温约为6500K）、冷白色荧光灯（色温约为4300K）、暖白色荧光灯（色温约为2900K）等。

应急照明（Emergency Lighting）

因正常照明电源失效而启用的照明。

Z

照度（Illuminance）

是指被照面上光的亮度程度。被照面与光源的距离越远照度越低。通常，照度值与距离的平方成反比，也就是说，若距离光源1m被照面上的照度是100lx，那么距离2m时被照面是原来的4倍，照度就是25lx；若是3m，面积是原来的9倍，照度就是11.1lx。

照明功率密度（Lighting Power Density）

缩写为LPD，是指建筑的房间或场所单位面积的照明安装功率（含镇流器、变压器的功耗），单位为W/m^2。

住宅（Residential Building）

供家庭居住使用的建筑。

住宅单元（Residential Building Unit）

由多套住宅组成的建筑部分，该部分内的住户可通过共用楼梯和安全出口进行疏散。

锥状体（Cone Cell）

锥状体（或称锥状细胞）既能感光，又能感色。两者有明确的分工：在强光作用下，主要由锥状细胞起作用，所以在白天或明亮环境中，看到的景象既有明亮感，又有彩色感，这种视觉叫做明视觉（或白日视觉）。

自理老人（Self-helping Aged People）

生活行为基本可以独立进行，自己可以照料自己的老年人。

走廊（Gallery）

住宅套外使用的水平通道。

附录2 实用数据资料

附表2.1 老年住宅和老年公寓的规模划分标准（GB/T 50340–2003）

规模	人数	人均用地指标/m²
小型	50人以下	80 ~ 100
中型	51 ~ 150人	90 ~ 100
大型	151 ~ 200人	95 ~ 105
特大型	201人以上	100 ~ 110

附表2.2 老年住宅和老年公寓的最低使用面积标准（GB/T 50340–2003）

组合形式	老年住宅/m²	老年公寓/m²
一室套（起居、卧室合用）	25	22
一室一厅套	35	33
二室一厅套	45	43

附表2.3 老年住宅和老年公寓各功能空间最低使用面积标准
（GB/T 50340–2003）

房间名称	老年住宅/m²	老年公寓/m²
起居室	12	
卧室	12（双人）10（单人）	
厨房	4.5	
卫生间	4	
储藏间	1	

附表2.4 养老院居室设计标准（GB/T 50340–2003）

类型	最低使用面积标准		
	居室/m²	卫生间/m²	储藏间/m²
单人间	10	4	0.5
双人间	16	5	0.6
三人以上房间	6/人	5	0.3/人

附表2.5 老年居住建筑配套服务设施用房配置标准（GB/T 50340–2003）

用房		项目	设置标准
餐厅		餐位数	总床位的60%～70%
		每座使用面积	2m²/人
医疗保健用房		医务、药品室	20～30m²
		观察、理疗室	总床位的1%～2%
		康复、保健室	40～60m²
服务用房	公用	公用厨房	6～8m²
		公用卫生间（厕位）	总床位的1%
		公用洗衣房	15～20m²
		公用浴室（浴位）（有条件时设置）	总床位的10%
	公共	售货、饮食、理发	100床以上设
		银行、邮电代理	200床以上设
		客房	总床位的4%～5%
		开水房、储藏间	10m²/层
休闲用房		多功能厅	可与餐厅合并使用
		健身、娱乐、阅览、教室	1m²/人

155

附表2.6 社区老年人日间照料中心房屋建筑面积指标表（建标143-2010）

类别	社区人口规模/人	建筑面积/m²
一类	30000 ~ 50000	1600
二类	15000 ~ 29999	1085
三类	10000 ~ 14999	750

附表2.7 社区老年人日间照料中心各类用房使用面积所占比例表（建标143-2010）

用房名称		使用面积所占比例/%		
		一类	二类	三类
老年人用房	生活服务用房	43.0	39.3	35.7
	保健康复用房	11.9	16.2	20.3
	娱乐用房	18.3	16.2	15.3
辅助用房		26.8	28.3	28.5
合计		100.0	100.0	100.0

注 表中所列各项功能用房使用面积所占比例为参考值，各地可根据实际业务需要，在总建筑面积范围内适当调整。

附表2.8 作业面邻近周围照度（GB50034-2004）

作业面照度/lx	作业面邻近周围照度值/lx
≥750	500
500	300
300	200
≤200	与作业面照度相同

注 邻近周围是指作业面外0.5m范围之内。

附表2.9 居住建筑照明标准值（GB/T 50034-2004）

房间或场所		参考平面及其高度	照度标准值/lx	Ra
起居室	一般活动	0.75m水平面	100	80
	书写、阅读		300※	
卧室	一般活动	0.75m水平面	75	80
	床头、阅读		150※	

房间或场所		参考平面及其高度	照度标准值/lx	Ra
餐厅		0.75m餐桌面	150	80
厨房	一般活动	0.75m水平面	100	80
	操作台	台面	150※	
卫生间		0.75m水平面	100	80

注 ※意为宜用混合照明。

附表2.10 医院建筑照明标准值（GB/T 50034-2004）

房间或场所	参考平面及其高度	照度标准值/lx	UGR	Ra
治疗室	0.75m水平面	300	19	80
化验室	0.75m水平面	500	19	80
手术室	0.75m水平面	750	19	90
诊室	0.75m水平面	300	19	80
候诊室、挂号厅	0.75m水平面	200	22	80
病房	地面	100	19	80
护士站	0.75m水平面	300	—	80
药房	0.75m水平面	500	19	80
重症监护室	0.75m水平面	300	19	80

附表2.11 居住建筑每户照明功率密度值（GB/T 50034-2004）

房间或场所	照明功率密度/（W/m²）		对应照度值/lx
	现行值	目标值	
起居室			100
卧室			75
餐厅	7	6	150
厨房			100
卫生间			100

附表2.12　部分国家居住建筑照度标准值对比
（GB/T 50034–2004）

单位：lx

房间或场所		美国 IESNA-2000	日本 JIS Z 9110–1979	俄罗斯 CH и П 23–05–95	中国 GB50034– 2004
起居室	一般活动	10～30（一般）300～750（读书、化妆）	30～75（一般）150～300（重点）	100	100
	书写、阅读				300※
卧室	一般活动	300（偶尔阅读）500（认真阅读）	10～30（一般）300～750（读书、化妆）	100	75
	书写、阅读				150※
餐厅		50	50～100（一般）200～500（餐桌）	—	150
厨房	一般活动	300（一般）500（困难）	50～100（一般）200～500（烹调、水槽）	100	100
	操作台				150※
卫生间		300	75～150（一般）200～500（洗脸、化妆）	50	100

注　※意为宜用混合照明。

附录3　部分建筑电气图形符号

图形符号	说明	图形符号	说明
	动合（常开）触点 注：本符号也可以用作开关一般符号		接触器（在非动作位置触点断开）
	具有自动释放的接触器		断路器
	隔离开关		负荷开关（负荷隔离开关）
	熔断器一般符号		避雷器
	接地一般符号		电流互感器
	具有自动释放的负荷开关		按钮一般符号 注：若图画位置有限，又不会引起混淆，小圈允许涂黑
	带指示灯的按钮		限制接近的按钮(玻璃罩等)
	电锁		避雷针
	自动开关箱		刀开关箱
	熔断器箱		组合开关箱

159

图形符号	说明	图形符号	说明
	带熔断器的刀开关箱		单相插座
	单相插座（暗装）		单相密闭插座（防水）
	单相防爆插座		插头和插座
	开关一般符号		带有指示灯的开关
	单极开关（明装）		单极开关（暗装）
	单极密闭开关（防水）		单极防爆开关
	双极开关（明装）		双极开关（暗装）
	双极密闭开关（防水）		双极防爆开关
	三极开关（明装）		三极开关（暗装）
	三极密闭开关（防水）		三极开关（防爆）

160

图形符号	说明	图形符号	说明
	单极拉线开关		单极双控拉线开关
	双控开关（单极三线）		多拉开关（如用于不同照度）
	中间开关		单极限时开关
	定时开关	t	限时装置
V	电压表	A	电流表
cosφ	功率因素表	kwh	电度表（千瓦小时计）
	闪光型信号灯		电铃
	电喇叭		蜂鸣器
	传声器一般符号		扬声器一般符号
	分线盒的一般符号	M	交流电动机
	灯的一般符号		投光灯一般符号
	聚光灯		泛光灯

图形符号	说明	图形符号	说明
	荧光灯一般符号		双管荧光灯
	防爆荧光灯		在专用电路上的事故照明灯
	自带电源的事故照明灯装置（应急灯）		气体放电灯的辅助设备 注：仅用于辅助设备与光源不在一起时
	防水防尘灯		深照型灯
	广照型灯（配照型灯）		球形灯
	局部照明灯		矿山灯
	安全灯		隔爆灯
	吸顶灯		花灯
	弯灯		壁灯
	吊灯		调光器
	屏、台、箱、柜的一般符号		动力或动力照明—照明配电箱 注：需要时符号内可标示电流种类符号
	信号板、信号箱		照明配电箱（屏） 注：需要时允许涂红

图形符号	说明	图形符号	说明
	多种电源配电箱（屏）		落地配电箱
	事故照明配电箱		直流配电盘（屏）
	交流配电盘（屏）		电源自动切换箱（屏）
	电阻箱		电警笛、报警器
	热水器（示出引线）		排风扇
	吊扇		装在支柱上的封闭式母线
	滑触线		装在吊钩上的封闭式母线
	中性线		保护线
	保护和中性线共用		在墙上的照明引出线（示出配线向左边）
	向上配线		向下配线
	室外分线盒		三相配线
	天线		电缆铺砖保护
	电话机一般符号		电话线
	变电所		

主要参考文献

［1］ ［日］中岛龙兴，天野三津男. 高齢者のための照明•色彩設計［M］. 東京：
［株］インテリア産業協会，1998.

［2］ 周燕珉，程晓青，林菊英，林婧怡. 老年住宅［M］. 北京：中国建筑工业
出版社，2011.

［3］ ［日］照明学会. 照明手册［M］. 2版. 李农，杨燕，译. 北京：科学出版
社，2005.

［4］ ［日］舟桥千枝，青木猛等. 優しさの住まいづくり——高齢者が健康で
安全に暮らせる環境と住まい［M］. 東京：［株］インテリア産業協会，
1997.

［5］ ［英］Roger Coghill. 光のヒーリングとセラピー［M］. ［日］諫早道子，
译. 東京：産調出版，2001.

［6］ ［日］井坂勝美，三善里沙子. 色光の癒し［M］. 東京：中央アート出版，
2001.

［7］ ［日］时事通信社. 图说中年保健大典［M］. 赵宗珉等，译. 上海：文汇出版
社，2003.

［8］ ［日］照明と生活の研究会. 照明の科学［M］. 東京：日刊工業新聞社，
2008.

［9］ ［日］結城未来. 照明を変えれば目がよくなる［M］. 東京：PHP新書，
2014.

［10］ 崔哲，郝洛西，林怡. 昼夜节律生理机制最新国际研究动态［J］. 照明工

程学报，2014-6.

[11]　李文华．室内照明设计 [M]．北京：中国水利水电出版社，2007.

[12]　何方文，朱斌．建筑装饰照明设计 [M]．广州：广东科技出版社，2001.

[13]　姚舜封．实用照明电器手册 [M]．上海：上海科学技术出版社，2003.

[14]　林福厚．建筑装饰作法与施工图 [M]．北京：航空工业出版社，1997.

[15]　汪晓春，纪阳，曹玉青．老龄产品开发设计 [M]．北京：北京理工大学出版
　　　社，2014.

[16]　杨春宇，张志远等．光照与季节性抑郁情绪研究 [J]．灯与照明，2013-9.

[17]　特集·医療福祉施設 [J]．YAMAGIWA PROJECT NEWS № 5，2000.

[18]　特集·採光と照明 [J]．東京：HOME CLUB，2001-6.

[19]　[日] 大川匡子，本間研一等．光と健康 [J]．松下電工株式会社，1999.

[20]　[日] 伊藤武夫，小山恵美．生体リズム考慮した最近の医療福祉施設の照
　　　明 [J]．照明学会誌第 84 卷，2000（6）.

[21]　高橋貞雄，渕田隆義．高齢者と推奨照度 [J]．照明学会誌第 80 卷第 7 号，
　　　1996.

序文作者简介

中岛龙兴（Nakajima Tatsuoki）
1946年生于日本东京
中岛龙兴照明设计研究所所长
著名照明设计师

1969 年日本东海大学工学部光工学专业毕业后，进入 YAMAGIWA 电气公司
1979 年进入 TL YAMAGIWA 研究所
1988 年任 HALO 设计研究所所长
1998 年成立中岛龙兴照明设计研究所并任所长至今

　　主要从事住宅商业设施、城市景观等的照明规划、设计，与高校研究机构共同研究照明的心理效应等课题
　　日本照明学会资深会员、日本室内设计师协会会员、国际照明设计协会会员

　　文化学园大学、日本北海道东海大学等专任讲师
　　中国南京艺术学院客座顾问、中国北京理工大学设计与艺术学院客座教授

　　主要著作：
　　《照明设计入门》《照明灯光设计》《魔法的照明术》《照明的创意与工夫》《对人生有 10 倍好处的照明法则》《照明基础知识》《LED 照明基础知识》等

　　主要获奖：
　　国际照明设计奖、北美照明设计奖、SDA 奖、JID 奖

作者简介

马卫星（Ma Weixing）
1957年生于北京市

本科毕业于日本大阪工业大学电子工学专业，工学学士
研究生毕业于北京理工大学设计艺术学专业，文学硕士
专业研修于日本千叶工业大学

现任北京理工大学设计与艺术学院讲师
主讲课程：环境照明设计、中国传统家居、展示设计等
现为欧美同学会会员，中国工业设计协会会员

主要著作：
《现代照明设计方法与应用》《展示艺术设计》（合著）

主要译著：
《日本广告百例》《日本包装百例》《新现代视觉设计》《照明设计终极指南》

主要编译：
《日本优秀工业设计 100 例》（合著）、《东京大视觉》《产品设计效果图技法》《产品设计效果图技法》（第 2 版）、《照明灯光设计》
发表论文数篇于各类专业刊物上

主要获奖：
2010 年、2011 年　第八届、第九届中国环境艺术设计学年奖优秀指导教师奖